Christoph Schmutzler

Hardwaregestützte Energieoptimierung von Elektrik/Elektronik-Architekturen durch adaptive Abschaltung von verteilten, eingebetteten Systemen

Band 7
Steinbuch Series on Advances in Information Technology

Karlsruher Institut für Technologie
Institut für Technik der Informationsverarbeitung

Hardwaregestützte Energieoptimierung von Elektrik/Elektronik-Architekturen durch adaptive Abschaltung von verteilten, eingebetteten Systemen

von
Christoph Schmutzler

Karlsruher Institut für Technologie
Institut für Technik der Informationsverarbeitung

Zur Erlangung des akademischen Grades eines Doktor-Ingenieurs
von der Fakultät für Elektrotechnik und Informationstechnik des
Karlsruher Institut für Technologie (KIT) genehmigte Dissertation

von Christoph Schmutzler aus Havelberg

Tag der mündlichen Prüfung: 05. Juli 2012
Hauptreferent: Prof. Dr.-Ing. Jürgen Becker (KIT)
Korreferent: Prof. Dr. sc.techn. Andreas Herkersdorf (TU München)

Impressum

Karlsruher Institut für Technologie (KIT)
KIT Scientific Publishing
Straße am Forum 2
D-76131 Karlsruhe
www.ksp.kit.edu

KIT – Universität des Landes Baden-Württemberg und nationales
Forschungszentrum in der Helmholtz-Gemeinschaft

KIT Scientific Publishing 2012
Print on Demand

ISSN 2191-4737
ISBN 978-3-86644-875-9

Vorwort

Die vorliegende Arbeit entstand während meiner Zeit als Doktorand im Bereich der Forschung und Vorentwicklung bei der Daimler AG. Die wissenschaftliche Betreuung erfolgte am Institut für Technik der Informationsverarbeitung (ITIV) des Karlsruher Instituts für Technologie (KIT). Mein Dank gilt Allen, die mich in dieser interessanten und lehrreichen Zeit begleitet und unterstützt haben.

Besonders bedanken möchte ich mich bei meinem Doktorvater Prof. Jürgen Becker für die sehr gute Betreuung und das in mich gesetzte Vertrauen. Dank gilt auch Prof. Andreas Herkersdorf für die Übernahme des Zweitgutachtens und die hilfreichen Diskussionen zur Arbeit.

Mein weiterer Dank gilt den Kollegen bei Daimler und am ITIV, insbesondere den Mitgliedern des „Team Simons", Andreas Kern, Vera Lauer, Thilo Streichert, Michael Hübner und Oliver Sander, für die zahlreichen spannenden, hilfreichen oder einfach nur lustigen und aufmunternden Diskussionen und die freundschaftliche, erfolgreiche Zusammenarbeit über die vergangenen Jahre. Ganz besonders möchte ich mich bei Martin Simons für seine hervorragende fachliche und vertrauensvolle Betreuung, sein immer offenes Ohr und stetige Unterstützung bedanken, die ganz wesentlich zum Gelingen der Arbeit beigetragen hat. Weiter danke ich allen Studenten, die ich betreuen durfte, für deren engagierten Einsatz.

Ganz spezieller Dank gilt natürlich meiner Familie—zuallererst meinen Eltern und meinem Bruder—deren Vertrauen und Rückhalt mich erst ermutigt haben, diesen Schritt zu wagen und ohne welche die vorliegende Arbeit nicht möglich gewesen wäre.

Böblingen, im Juli 2012

Christoph Schmutzler

Inhaltsverzeichnis

1. Einführung

1.1. Motivation

Die Anzahl elektronischer Komponenten in Fahrzeugen ist über die letzten Generationen hinweg stark angestiegen. In Tabelle 1.1 ist die Zahl der durchschnittlich verbauten Steuergeräte, die Anzahl der Kommunikationssignale sowie die Anzahl der Fahrzeugbusse für verschiedene Generationen der Mercedes-Benz E-Klasse angegeben. Ausgehend von nur 7 Steuergeräten in der Baureihe W124 werden heutzutage in einem Fahrzeug bis zu 70 komplexe Steuergeräte verbaut. Diese Zahl nimmt nochmals deutlich zu, wenn man auch vernetzte Sensoren und Aktoren dazu zählt. Die Netzwerkkommunikation erfolgt über tausende Signale, die in Botschaften zusammengefasst und übertragen werden.

Für ein stehendes, verschlossenes, „inaktives" Fahrzeug wurden früh sehr geringe Ruhestromgrenzwerte von unter 1 mA von elektrischen Komponenten vorgeschrieben, um die Wiederstartfähigkeit auch nach längerer Standzeit sicherzustellen. Damit blieb der Einfluss der hohen Anzahl von Steuergeräten auf den Stromverbrauch eines abgestellten Fahrzeuges gering.

Die elektrische Leistungsaufnahme eines „aktiven" Fahrzeuges mit laufendem Verbrennungsmotor stellte in der Vergangenheit jedoch kein bedeutendes Entwicklungskriterium dar. Daher ist die elektrische Grundlast des Fahrzeug-Bordnetzes durch die schnell gewachsene Anzahl von Steuergeräten signifikant angestiegen. In heutigen Fahrzeugen der Mittelkasse liegt die elektrische Grundlast typischerweise bei 200 W [WLMS10a].

In den letzten Jahren ist die Reduktion der CO_2-Emissionen von Fahrzeugen durch zunehmend anspruchsvollere Abgasvorschriften immer wichtiger geworden. In der Fahrzeugentwicklung werden daher fachbereichsübergreifend größte Anstrengungen unternommen, um den Kraftstoffverbrauch kommender Modelle zu senken. Da der elektrische Energieverbrauch eines Fahrzeugs einen direkten Einfluss auf Abgasemissionen sowie die Reichweite von elektrifizierten Fahrzeugen hat, gewinnt in jüngster Zeit auch die Steigerung der Energieeffizienz von vernetzten Fahrzeugelektroniken eines Fahrzeuges deutlich an Bedeutung.

Für den OEM verspricht eine Einsparung von elektrischer Leistung bei laufendem Fahrzeug vor allem eine Reduzierung des CO_2-Ausstoßes und damit eine Vermeidung von potentiellen Strafsteuern. Aber auch für den Kunden wird die Energieeffizienz seines Fahrzeuges aufgrund neuer Nutzungsszenarien in den kommenden Jahren an Bedeutung gewinnen: hybride und rein-elektrische Antriebstränge sowie die zunehmende Anbindung des Automobils an das Internet werden zukünftig auch

Baureihe	Baujahr (Limousine)	Anzahl Busse (CAN, MOST, FlexRay)	Steuergeräte	Kommunikationssignale
W124	1984–1995	1	7	unter 100
W210	1995–2002	3	30	ca. 200
W211	2002–2009	5	52	ca. 4100
W212	seit 2009	9	ca. 70	ca. 6000

Tabelle 1.1.: Zuwachs an Komplexität der vernetzten Fahrzeugelektronik am Beispiel der Mercedes-Benz E-Klasse.

bei verschlossenem Fahrzeug zu einer Steigerung der Aktivitätszeiträume von Elektronikkomponenten führen. Das bislang geltende Paradigma eines fast vollständig ruhenden Steuergeräteverbundes bei inaktivem Fahrzeug ist damit nicht mehr erfüllt. Dieser Trend wurde in den vergangenen Jahren von unterschiedlichen deutschen OEMs bestätigt [Hud09a, Sch10, MEL11a, Wil11, WLMS10a].

1.2. Beitrag der Arbeit

In der vorliegenden Arbeit wird erstmals eine umfassende Analyse von möglichen Ansätzen zur Energieoptimierung der vernetzten Fahrzeugelektronik präsentiert. Dabei werden Stellhebel auf der Microcontroller-Ebene, der Steuergeräteebene und der Vernetzungsebene identifiziert, analysiert und bewertet.

Insbesondere die Vernetzungsebene liegt maßgeblich im Verantwortungsbereich eines OEMs. Hier wurde dann auch während der Arbeit eine wesentliche Einschränkung identifiziert: die nach heutigem Stand nicht mögliche Abschaltbarkeit von FlexRay-Steuergeräten bei aktiver Kommunikation. Diese Einschränkung wird adressiert und aufgehoben, indem eine ganzheitliche Lösung, bestehend aus Hardwareanteilen und standardisierbarer Steuersoftware, entwickelt und prototypisch umgesetzt wurde. Theoretische Modelluntersuchungen und praktische Messungen wurden durchgeführt und helfen dem OEM, Aufwand und Nutzen der Einführung der resultierenden Technologiebausteine zu bewerten.

Wesentliche Teile dieser Arbeit wurden auf wissenschaftlichen Konferenzen, durch Patentanmeldungen, in Form eines Zeitschriftenartikels und in einem White Paper veröffentlicht:

- in [SKSS10] wurde eine erste allgemeine Betrachtung des Themenkomplexes der Energieoptimierung einer vernetzten Fahrzeugelektronik vorgenommen.

- eine detaillierte Betrachtung von vernetzungsbasierten Ansätzen zur Knotenabschaltung und eine erste Motivation des erarbeiteten Hardwarekonzeptes wurde in [SKS12] gegeben.

- Fragestellungen und Ansätze für die Integration des Hardwarekonzeptes in AUTOSAR wurden in [SKSB11] präsentiert.

- in [SLSB11] wurde ein für die Hardwareabsicherung entwickelter FPGA-basierte Prototyp vorgestellt.

- eine Beschreibung des vollständigen Steuergerätedemonstrators, bestehend aus den umgesetzten Hard- und Softwareanteilen, wurde in [SSB12] präsentiert.

- abschließend wurde in [HS12], in enger Zusammenarbeit mit einem FlexRay IP-Hersteller, ein Integrationskonzept des Hardwareansatzes in kommerzielles FlexRay IP-Modul formuliert.

- das allgemeine Hardwarekonzept für eine adaptive Abschaltung von FlexRay-Steuergeräten wurde zudem durch eine Patentanmeldung gesichert [SKS11].

- weiterhin wurde ein Implementierungsansatz für eine kommerzielle FlexRay IP angemeldet [SSH12].

Außerdem fanden insbesondere die definierten und umgesetzten Softwareanteile Eingang in AUTOSAR-Spezifikationen.

1.3. Gliederung

Die vorliegende Arbeit gliedert sich in 6 Kapitel. Nach der einleitenden Betrachtung werden in Kapitel 2 die für das Verständnis der Arbeit relevanten Grundlagen erläutert und die Auswirkungen von elektrischen Energieeinsparungen auf konventionelle und elektrifizierte Antriebsstränge ermittelt.

In Kapitel 3 folgt eine detaillierte Herleitung, Erläuterung und Bewertung von Ansätzen zur Energieoptimierung von vernetzten Fahrzeugelektroniken. Dabei wird allgemein zwischen funktionsspezifischen, steuergerätelokalen Optimierungen und vernetzungsbasierten Ansätzen unterschieden. Das Kapitel schließt mit einer theoretischen Ermittlung des Einsparpotentials einer vernetzungsbasierten Knotenabschaltung.

In Kapitel 4 wird das in dieser Arbeit entwickelte Hardwarekonzept zur vernetzungsbasierten Deaktivierung von FlexRay-Knoten beschrieben. Zusätzlich wird erläutert, wie das Konzept in eine standardisierte Softwarearchitektur integriert werden kann und welche Aspekte bei einem Einsatz hinsichtlich der Funktionssicherheit von Steuergeräten berücksichtigt werden müssen. Danach werden die in dieser Arbeit umgesetzte Implementierung und der zur Konzeptabsicherung entwickelte Steuergerätedemonstrator beschrieben. Abschließend wird eine experimentelle Ermittlung des sich ergebenden Einsparpotentials erläutert.

In Kapitel 5 wird ein konzeptueller Ansatz zur Übertragung der adaptiven Abschaltung auf Ethernet-vernetzte Knoten vorgestellt.

In Kapitel 6 schließt die Arbeit mit einer Zusammenfassung und schildert die Voraussetzungen für eine zukünftige Verwendung des entwickelten Ansatzes zur Deaktivierung von FlexRay-Knoten.

2. Grundlagen

In diesem Kapitel werden die für die Arbeit relevanten technischen Grundlagen erläutert. Dazu gehört eine einführende Betrachtung von E/E-Architekturen, eine Übersicht über für die Vernetzung von Steuergeräten im Fahrzeug geläufige Bussysteme, eine Diskussion des allgemeinen Aufbaus von Steuergeräten sowie ein Überblick über AUTOSAR. Abschließend wird der Einfluss elektrischer Einsparungen auf konventionelle und elektrifizierte Antriebsstränge ermittelt.

2.1. Elektrik/Elektronik-Architekturen

Heutige Fahrzeuge sind mit einer Vielzahl von Sicherheits-, Assistenz- und Komfortsystemen ausgestattet. Die Funktionsbeiträge zu den Systemen sind meist aufgrund räumlich verteilter Verbauorte von anzusteuernder Aktoren oder Sensoren auf unterschiedliche Steuergeräte (engl. *Electronic Control Units* (ECUs)) im Fahrzeug verteilt. So kann beispielsweise die Steuerung des Innenlichtes aus einer koordinierenden Funktion bestehen, die die Lichtverteilung im Fahrzeug auf Basis des Fahrzeugzustandes bestimmt und Slave-Funktionen über die Zielzustände informiert.

In Summe befinden sich die Fahrzeugsysteme in einem komplexen, hochvernetzten Verbund von Steuergeräten, Sensoren und Aktuatoren. Die *Elektrik/Elektronik-Architektur* (E/E-Architektur) beschreibt die logische und physikalische Aufteilung der Systeme in einem Fahrzeug. Auf logischer Ebene werden die Kommunikationsbeziehungen zwischen funktionalen Komponenten sowie die Platzierung der Funktionen auf ausführende Steuergeräte spezifiziert. Die physikalische Beschreibung einer E/E-Architektur gibt den Verbauort von Steuergeräten, den Verlauf des Leitungssatzes und die Anbindung an die Spannungsversorgung wieder. Diese beiden Sichten werden durch eine Abbildung der funktionalen Komponenten auf Steuergeräte und der Kommunikationsbeziehungen auf Fahrzeugbusse miteinander verknüpft.

Die Entwicklung der E/E-Architektur ist aus Sicht der Elektronikentwicklung eine der Hauptaufgaben eines Fahrzeugherstellers bzw. *Original Equipment Manufacturers* (OEMs).

In Abbildung 2.1 ist eine nach funktionalen Domänen unterteilte E/E-Architektur dargestellt. Die verschiedenen Domänen werden durch geeignete Gateways verbunden. Diese leiten Inhalte der auf einem Bus empfangenen Nachrichten an das restliche Netzwerk auf Basis statischer Routingtabellen weiter.

Durch Trennung nach Domänen kann die Kommunikationslast des Gesamtnetzwerks reduziert werden: der Austausch von Nachrichten zwischen Knoten erfolgt im Ideal-

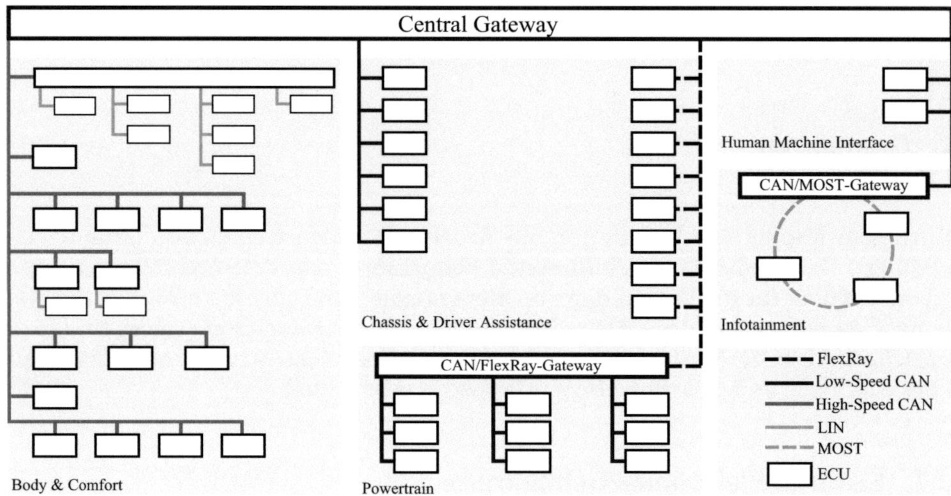

Abbildung 2.1.: Vernetzungsdiagramm einer nach funktionalen Domänen aufgeteilten E/E-Architektur.

fall primär innerhalb einer Domäne, so dass möglichst wenig Nachrichten zwischen den verschiedenen Domänen geroutet werden müssen.

Für die Optimierung der Energieeffizenz einer E/E-Architektur ist vor allem die Unterteilung eines Fahrzeugsystems auf dessen Funktionsbeiträge sowie die Verteilung der Funktionsbeiträge auf Steuergeräte von Interesse. Nur wenn alle auf einem Steuergerät verorteten Funktionsbeiträge vorübergehend nicht benötigt werden, ist eine Abschaltung des Knotens möglich. Aus Sicht der Energieeffizienz ist ein Fahrzeugsystem also im Idealfall in Form einer einzigen Funktion realisiert, an deren Ausführung genau ein Knoten beteiligt ist. Dieser Ansatz ist jedoch aufgrund einer oftmals verteilten Anordnung von angesteuerter Peripherie nicht praktikabel.

Das Fahrzeugsystem „Fensterheber" gewinnt beispielsweise die Zielzustände der Fenster über mehrere Bedienflächen, die anzusteuernden Fensterhebermotoren sind ebenfalls im Fahrzeug verteilt. Eine von genau einem Knoten ausgehende Verkabelung würde sich negativ auf den Umfang des Leitungssatzes auswirken. Alternativ werden Teile der Systemfunktion, auf den in den Türen vorhandenen Steuergeräten platziert. Die Steuergeräte sind über ein Bussystem miteinander verbunden, die Anbindung der Bedienflächen und Motoren kann über deutlich kürzere Leitungen erfolgen.

Die im Automotivbereich dominierenden Bussysteme für die Vernetzung von Knoten werden im nächsten Abschnitt beschrieben.

2.2. Automotive-Bussysteme

Während der Fahrzeugentwicklung in den 80er Jahren wurden elektronische Komponenten oftmals diskret verbunden. Aus Gründen der Wirtschaftlichkeit und zur besseren Beherrschung der Systemkomplexität wurde mit steigender Anzahl der zu vernetzenden Komponenten und der zunehmenden Menge zu übertragender Informationen aber bald die Bedeutung einer anwendungsunabhängigen Buskommunikation deutlich, bei der Busteilnehmer funktionsspezifische Inhalte in standardisierten Nachrichten über einen Kommunikationskanal übertragen.

Aufgrund unterschiedlicher Anforderungen an die Störsicherheit, Robustheit und verfügbarer Bandbreite haben sich verschiedene Bussysteme auf dem Markt durchgesetzt. Das mit Abstand meistverwendete Bussystem ist das *Controller Area Network* (CAN). Für die Verbindung von Sensoren und Aktoren und der Anbindung von einfachen Steuergeräten mit niedrigem Bandbreitenbedarf kommt das *Local Interconnect Network* (LIN) zum Einsatz. Der *Media Oriented Systems Transport* (MOST) wurde speziell für den Infotainment-Bereich entwickelt. *FlexRay* ist die jüngste etablierte Bustechnologie. *Ethernet* wird bereits vereinzelt zur Anbindung bandbreitenintensiver Komponenten, wie z. B. Kameras oder zur Darstellung von Videoinhalten auf Bildschirmen verwendet. Ein Einsatz von Ethernet zur Steuergerätevernetzung wird momentan bei verschiedenen OEMs und Zulieferern untersucht und vorbereitet.

Für die Bussysteme CAN, LIN, MOST und FlexRay ist umfangreiche Dokumentation und Literatur verfügbar (vgl. [WR06, Rau07, Par07, ZS08]). Daher beschränken sich die folgenden Abschnitte nach einer Erläuterung der Charakterisierungseigenschaften von Bussystemen auf die Darstellung der technischen Grundlagen der Bussysteme sowie einer Erläuterung der für die Arbeit relevanten unterstützten Energiesparmechanismen. Für Ethernet wird eine Übersicht über momentan für einen Automotive-Einsatz geeigneten Technologien gegeben. Da sich das im Rahmen dieser Arbeit entwickelte, in Kapitel 4 beschriebene, Hardwarekonzept speziell auf FlexRay bezieht, wird dieser in einem eigenen Abschnitt detailliert vorgestellt.

2.2.1. Charakterisierung von Bussystemen

2.2.1.1. Kommunikationsmedium

Die Spezifikation der Bitübertragungsschicht eines Bussystems nach dem OSI-Model legt u. a. fest, welche physikalischen Übertragungsmedien verwendet werden können (vgl. [Rei11, pp. 76–78]). Im Fahrzeug kommen überwiegend Kupferleitungen zum Einsatz. Diese können je nach Ausführung einadrig oder typischerweise als verdrillte, ungeschirmte zweiadrige Leitung (engl. *Unshielded Twisted Pair* (UTP)) ausgelegt sein.

Einadrige Leitungen sind kostengünstig, aber anfälliger gegenüber Störeinstrahlungen und damit nur für niedrige Übertragungsraten geeignet. Für zweiadrige Leitungen kommt häufig eine differentielle Signalübertragung zum Einsatz, bei der das Übertragungssignal über gegensätzliche Spannungspegel gebildet wird, die einem Ruhepegel aufgeprägt werden.

Durch Verwendung einer Differenzspannung steigt die Robustheit gegenüber Gleichtaktstörungen, welche den Spannungspegel auf beiden Leitungen gleich beeinflussen und damit keinen Einfluss auf die Differenz der Pegel haben. Dieser positive Effekt kann durch eine Verdrillung der Leitungen weiter verstärkt werden.

Für Technologien mit hoher Bandbreite, wie z. B. MOST25, MOST50 und MOST150, sind auch optische Übertragungsmedien spezifiziert. Wegen der durch den Biegeradius begrenzten Verlegewegen und höheren Materialkosten haben sich diese jedoch nicht fahrzeugweit auch für andere Bussysteme durchgesetzt. In der Spezifikation von MOST150 ist optional auch wieder ein elektrisches Medium vorgesehen.

2.2.1.2. Übertragungsverfahren

In Abhängigkeit des Kommunikationsmediums und der Bustechnologie kommen unterschiedliche Übertragungsverfahren zum Einsatz.

Das im Automotive-Umfeld an Bedeutung gewinnende Ethernet unterstützt eine Voll-Duplex Übertragung, bei der ein Knoten zeitgleich senden und empfangen kann. Im Automobilbereich werden Daten aber typischerweise im Halb-Duplex-Verfahren übertragen. Dabei kann ein Knoten nur abwechselnd Daten senden oder empfangen. Kommt, wie beispielsweise bei CAN, ein busweit von allen Knoten geteiltes Medium zum Einsatz, muss die Sendefreigabe zwischen den Knoten gesteuert werden. Dazu können kollisionsbasierte Mechanismen oder kollisionsfreie Verfahren verwendet werden.

CAN verwendet einen Mechanismus, durch den in einer Arbitrierungsphase die Sendeberechtigung genau einem Knoten zugeteilt wird. LIN und FlexRay verwenden zeitgemultiplexte Verfahren, durch welche jedem Knoten ein oder mehrere Zeitbereiche zugeordnet sind, in denen der Knoten exklusiv auf den Bus zugreifen darf. Damit können keine Kollisionen auftreten.

2.2.1.3. Topologie

Knoten können auf verschiedene Arten miteinander verbunden werden. Die Vernetzung der Teilnehmer, also insbesondere die räumliche Verteilung des Übertragungsmediums und die Anbindung von Teilnehmern an das Kommunikationsmedium, werden durch die physikalische Topologie beschrieben. Die logische Topologie definiert die Kommunikationsstruktur bzw. den Datenfluss zwischen Knoten und entspricht nicht zwangsweise der physikalischen Anbindung.

Wie in Abbildung 2.2 gezeigt, kann allgemein zwischen einer Linien-, Stern- oder Ringtopologie unterschieden werden.

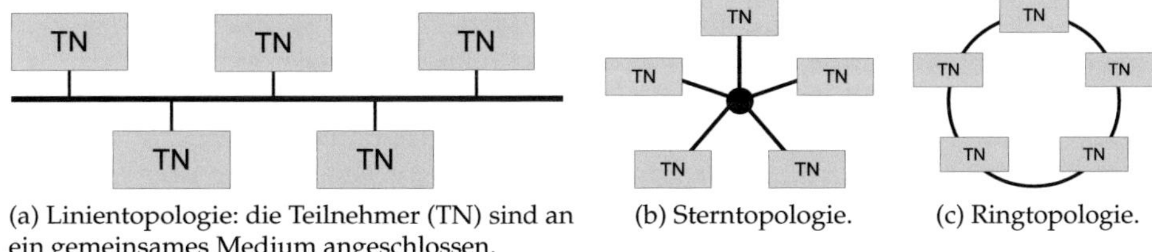

(a) Linientopologie: die Teilnehmer (TN) sind an ein gemeinsames Medium angeschlossen.

(b) Sterntopologie.

(c) Ringtopologie.

Abbildung 2.2.: Im Fahrzeug geläufige Topologien.

Bei einer **Linientopologie** sind alle Knoten an ein gemeinsames Kommunikationsmedium angeschlossen. Die Verbindungsstrecke zwischen Medium und Knoten ist im Vergleich zur Gesamtlänge des Busses gering. An einen linienförmigen Bus angeschlossene Knoten empfangen stets den vollständigen Busverkehr aller Teilnehmer. Eine Zuordnung von relevanten Nachrichten muss im Knoten selbst erfolgen. Damit müssen auch Schlaf- und Weckmechanismen knotenlokal ausgelegt sein.

In einer **Sterntopologie** sind die Knoten über einen gemeinsamen Sternpunkt verbunden. Der Sternverteiler kann als passives oder aktives Element ausgelegt werden. Ein passiver Sternpunkt hat keinen Einfluss auf das Übertragungsverhalten zwischen seinen Busarmen. Bei einer passiven Verteilung müssen Empfangsmechanismen vergleichbar zur Linientopologie knotenlokal ausgelegt werden. Im aktiven Fall frischt der Stern das Bussignal auf und entspricht damit dem Sende- und Empfangsverhalten eines regulären Knotens. Prinzipiell kann ein aktiver Sternpunkt damit nur die für einen Anschlusspunkt relevante Nachrichten weiterleiten. Damit könnten auch einzelne Busarme selektiv in einen Schlafzustand versetzt werden. Bussysteme wie CAN und FlexRay erlauben eine Mischung der Linien- und Sterntopologie.

In einer **Ringtopologie** sind Knoten jeweils mit genau zwei Nachbarknoten verbunden. Dadurch entsteht eine ringförmige Struktur, in der empfangene Nachrichten durch die Knoten aktiv weitergeleitet werden müssen. Allgemein ist dadurch keine gesteuerte Filterung von Nachrichten möglich.

2.2.2. Controller Area Network

Das im Jahr 1986 vorgestellt Controller Area Network (CAN) wurde von der Robert Bosch GmbH und Intel gezielt für die Steuergerätevernetzung im Fahrzeug entwickelt [WR06]. Erste CAN-Controller waren 1987 verfügbar. Der erste Serieneinsatz im Automobilbereich erfolgte 1992 in der Mercedes-Benz S-Klasse.

CAN unterstützt eine Stern- oder Linientopologie und verwendet ein gemeinsames Busmedium, auf das alle Knoten nach dem *Carrier Sense Multiple Access/Collision Avoidance* (CSMA/CA) Prinzip zugreifen können.

Durch die Anbindung von CAN-Knoten an das Busmedium ergeben sich ein rezessiver (logischer Wert „1") und ein dominanter (logischer Wert „0") Buspegel. Der dominante Pegel setzt sich elektrisch auf dem Übertragungsmedium durch. Will ein Knoten eine Nachricht senden, überträgt er in der Arbitrierungsphase deren eindeutigen Nachrichten-Identifier. Entspricht während der Übertragung eines Bits der aktuelle Signalwert des Busses nicht dem Sendewert, bricht der Controller den Sendevorgang ab und zieht sich zurück. Beim gleichzeitigen Sendeversuch mehrerer Knoten gewinnt also die Nachricht mit den höchstwertigen dominanten Bits, d. h. der kleinsten Nachrichten-ID, die Arbitrierungsphase. Pro Nachricht können bis zu 8 Byte Nutzdaten versendet werden.

Dieses Vorgehen erfordert, dass jede Nachrichten-ID genau einem Knoten zugeordnet ist und nicht von mehreren Teilnehmern versendet werden kann. Zudem müssen alle Knoten ein gesendetes Bit innerhalb der Übertragungsdauer abtasten und erkennen können. Daher ist die Obergrenze der Bandbreite von der Länge des Busmediums und der Anzahl der angeschlossenen Teilnehmer abhängig. Die Leitungslänge bestimmt die Verzögerung zwischen Aussendung eines Bits und Eintreffen beim Sender. Die Signalqualität auf der Leitung wird zusätzlich durch die Anzahl der Teilnehmer bestimmt und kann z. B. durch Reflektionen sinken.

Für CAN wurden verschiedene Bitübertragungsschichten standardisiert. Als bestimmende Industrienorm im europäischen Raum gilt die 1993 eingeführte ISO 11898. Für den amerikanischen Markt spielt zudem die Norm SAE J2411 eine maßgebliche Rolle. Beide Normen werden in den folgenden zwei Abschnitten beschrieben.

2.2.2.1. High-Speed und Low-Speed CAN nach ISO 11898

Die ISO 11898 definiert zwei Bitübertragungsschichten für CAN: High-Speed und Low-Speed CAN. High-Speed CAN (ISO 11898-5, [Int94c]) unterstützt eine maximale Bandbreite von 1 MBit/s, in der Praxis werden aber meist nur Datenraten bis 500 kBit/s verwendet. High-Speed CAN-Transceiver werden über eine UTP-Leitung angeschlossen. Zur Erhöhung der Störfestigkeit erfolgt die Signalübertragung über ein differentielles Signal.

Low-Speed CAN (ISO 11898-3, [Int94a]) wurde als fehlertolerante Übertragungsschicht mit einem maximalen Datenrate von 125 kBit/s ausgelegt. Die Anbindung an das Busmedium erfolgt ebenfalls über eine UTP-Leitung. Im Vergleich zu High-Speed CAN sind Low-Speed CAN-Transceiver aber zusätzlich in der Lage, Kurzschlüsse der Signalleitungen gegeneinander, Kurzschlüsse der Signalleitungen gegen Masse sowie Unterbrechungen der Signalleitungen zu erkennen. Wird ein Fehler erkannt, schaltet der Transceiver auf einen Eindraht-Betrieb um.

Der Schlafmechanismus nach ISO 11898 ermöglicht nur ein busweites Wecken aller Teilnehmer. Bei laufendem Busverkehr sind für CAN somit immer alle Knoten aktiv. Aufgrund der Komplexität aktueller E/E-Architekturen wird bei aktivem Fahrzeug im Allgemeinen durchgängig auf allen CAN-Bussen kommuniziert, damit sind stets alle CAN-Knoten im Fahrzeug wach. Auch in Standszenarien ergeben sich zunehmend Nutzungszustände, in denen bei stehendem, verschlossenem Fahrzeug auf unterschiedlichen Fahrzeugbussen kommuniziert wird.

Im weiteren Verlauf der Arbeit wird High-Speed CAN unter dem Oberbegriff CAN geführt.

2.2.2.2. Single-Wire CAN nach SAE J2411

Die SAE J2411 definiert eine weitere Bitübertragungsschicht, die unter der Bezeichnung *Single-Wire CAN* geführt wird. Die Übertragung erfolgt immer über eine ungeschirmte Eindraht-Leitung. Die maximale Datenrate im Fahrzeug liegt bei 88,3 kBit/s. Pro Bus sind maximal 32 Knoten zulässig.

Ein wesentlicher Vorteil gegenüber der Bitübertragungsschicht nach ISO 11898 ist die Erweiterung des Weckmechanismus. Single-Wire CAN-Transceiver können in einen Schlafzustand geschalten werden, der nur durch Anlegen einer hohen Busspannung verlassen wird. Der zur regulären Kommunikation verwendete Spannungspegel führt nicht zum Wecken. Damit können sich Steuergeräte, die im aktuellen Fahrzeugzustand nicht benötigt werden, über den Transceiver abschalten. Wird die Funktion eines Knotens benötigt, muss ein noch laufendes Steuergerät ein Wecken aller Busteilnehmer anfordern.

Die Verwaltung der Schlaf- und Weckvorgänge ist implementierungsabhängig und nicht im Rahmen der SAE J2411 spezifiziert. General Motors definiert aber beispielsweise in ihrer Netzwerkspezifikation, dem *GMLAN* [Gen99], die genaue Verwendung dieses Weckmechanismus.

Aufgrund der sehr niedrigen Bandbreite hat sich aus Kostengründen im europäischen Raum LIN als Alternative zu Single-Wire-CAN durchgesetzt. Daher ist dieser Weckmechanismus für die im Rahmen dieser Arbeit betrachteten E/E-Architekturen nicht verwendbar.

Eine Übertragung des Weckens über einen zusätzlichen Buspegel auf High-Speed und Low-Speed CAN ist technisch darstellbar, würde aber eine Neuentwicklung von CAN-Transceivern erfordern. Zudem dürfte kein der Batteriespannung ähnlicher Pegel verwendet werden, um die Fähigkeit zur Kurzschluss-Detektion aufrecht zu erhalten. Im Gegensatz zum im Abschnitt 3.3.2 vorgestellten CAN-Teilnetzbetrieb ist zudem nur genau eine weckbare Gruppe von Knoten darstellbar.

2.2.3. Local Interconnect Network

Das *Local Interconnect Network* (LIN) [LIN03] wurde speziell für die kostengünstige Anbindung von Komponenten wie Sensoren, Aktoren und sehr einfachen Steuergeräten an einen Master-Knoten entwickelt und im Jahr 2000 vorgestellt. Der erste Serieneinsatz erfolgte 2001.

LIN verwendet eine ungeschirmte Eindrahtleitung, an dem genau ein Master und bis zu 16 Slaves angeschlossen werden können. Die maximale Datenrate liegt bei 20 kBit/s. Der Master-Knoten steuert die Kommunikation nach einem festgelegten Kommunikations-Schedule, Slaves können nicht direkt auf den Bus zugreifen.

Da der Master die Kommunikation steuert, ist kein Mechanismus zur Erkennung von Kollisionen notwendig. Dadurch kann er auch ohne den Bedarf einer verteilten Abstimmung einen busweiten Schlafzustand einleiten. Slaves können den Schlafzustand des Busses durch Versendung eines Wakeup-Patterns aufheben. Ist der Bus aktiv, müssen alle Knoten kommunikationsbereit sein. LIN unterstützt damit nur einen busweiten Schlafmodus.

2.2.4. Media Oriented Systems Transport

Im Gegensatz zu den anderen Bustechnologien wurde MOST mit starkem Fokus auf Infotainment-relevante Anwendungen wie Audio- oder Videoübertragung ausgelegt. Von Interesse sind hier eine hohe Bandbreite und eine synchrone Übertragung von Audio-, Video- und Kontrolldaten, um beispielsweise Audiosignale ohne Zeitversatz über das Fahrzeug verteilt wiedergeben zu können.

MOST unterstützt eine Ring- oder Sterntopologie und ermöglicht die Anbindung von bis zu 64 Teilnehmern. Als Übertragungsmedium kommen optische Glasfaseroder UTP-Leitungen zum Einsatz.

Die Bandbreite wurde seit dem Start der Entwicklung von MOST schrittweise von 25, auf 50 bis hin zu 150 MBit/s angehoben (vgl. Spezifikation von MOST25, MOST50 und MOST150). MOST150 sieht zusätzlich einen Ethernet-Kanal vor.

Vergleichbar zu CAN unterstützt MOST nur ein busweites Schlafen aller Teilnehmer. Jegliche Buskommunikation weckt alle Knoten. Während CAN und FlexRay aber in unterschiedlichen Fahrzeugdomänen Verwendung finden, ist der Einsatzbereich von MOST auf den Infotainment-Bereich beschränkt. Diese funktionale Bindung erleichtert die Anwendbarkeit einer busweiten Abschaltung.

2.2.5. Ethernet

Der erwartete Bandbreitenbedarf zukünftiger Infotainment- und Fahrerassistenzsysteme übersteigt die Übertragungsraten von CAN und FlexRay deutlich. Die Verwendung von MOST150 für bandbreitenintensive Anwendungen ist aufgrund der vergleichsweise hohen Kosten pro Knoten außerhalb der Infotainment-Domäne nicht attraktiv. Als Alternative wird aktuell Ethernet von mehreren OEMs für den Einsatz zur Steuergerätevernetzung untersucht und vorbereitet.

Eine gute Übersicht über für den Automobile-Bereich relevante Fragestellungen und Lösungsansätzen findet man in [Noe11, ST12]. Die wichtigsten Kriterien für den Einsatz von Ethernet im Fahrzeug sind:

- die Verfügbarkeit von Autmotive-qualifzierten Halbleiterkomponenten, wie z. B. PHYs, MACs und integrierten Switches.

- die Verwendbarkeit kostengünstiger UTP-Leitungen als Übertragungsmedium, beispielweise durch Technologien wie *BroadR-Reach* der Firma Broadcom [Bro].

- die Möglichkeit, zur Designzeit Bandbreite für bestimmte Nachrichtenklassen reservieren zu können, z. B. durch im *Audio Video Bridging* (AVB) Standard vorgesehene Mechanismen (vgl. [Ins10, LHWC12]).

- sowie die Verfügbarkeit von Automotive-tauglichen Schlaf- und Weckmechanismen mit einem sehr geringen Ruhestrombedarf.

Aufgrund des in den letzten Jahren gewachsenen Interesses an einem Einsatz von Ethernet zur Steuergerätevernetzung innerhalb der Automobil-Industrie haben verschiedene Firmen, wie z. B. Broadcom und Freescale, die Entwicklung und Qualifizierung von Halbleiterkomponenten begonnen, welche die gesteigerten EMV- und Temperatur-Anforderungen im Fahrzeug erfüllen.

Durch einen Übergang von zwei doppeladrigen, geschirmten Übertragungsleitungen, welche beispielsweise für Ethernet nach 100Base-TX notwendig sind, hin zu einfachen UTP-Leitungen, entstehen für einen Fahrzeugeinsatz relevante Kosteneinsparungen und Bauraumvorteile. Durch den Übergang zu UTP-Kabeln und aufgrund der erhöhten Protokollkomplexität steigen dabei aber die Aufwände auf Signalverarbeitungsebene. Im Vergleich zu CAN und FlexRay erhöht sich dadurch prinzipiell die bei aktiver Kommunikation benötigte elektrische Leistung der den OSI-Ebenen 1–3 zugeordneten Halbleiterkomponenten, also dem Transceiver, Bustreiber bzw. PHY sowie Kommunikationskontroller bzw. MAC und optional integrierten Switches oder Hubs. Im Vergleich zu etablierten Bussystemen ist das Verhältnis zwischen verfügbarer Bandbreite und Leistungsbedarf aber dennoch sehr hoch. Ein Einsatz von Ethernet ist damit aus Sicht der Energieeffizienz positiv, wenn die verfügbare Bandbreite ausgenutzt wird.

Zahlreiche Fahrzeugsysteme benötigen ein deterministisches Übertragungsverhalten. Dies ist bei Verwendung von höheren Protokollschichten von Ethernet wie beispielsweise TCP/IP oder UDP/IP nicht gegeben, da hier ein sendender Knoten die vollständige Bandbreite eines Vermittlungspunktes—typischerweise einem Switch—im Netzwerk in Anspruch nehmen und die Datenübertragung anderer Knoten zeitweise blockieren kann. Dieses Problem wurde u. a. in der professionellen Tontechnik erkannt und durch die Entwicklung des AVB-Standards adressiert. Durch spezifizierte Erweiterungen nach [Ins10] kann dem Datenverkehr von Knoten zur Systemdesignzeit eine reservierte Bandbreite im Netzwerk zugewiesen werden. Durch die Reservierung wird der Datenfluss anderer Nachrichten in Vermittlungspunkten begrenzt, um die Sendefähigkeit des Knotens innerhalb eines bekannten Zeitraums zu garantieren. Eine detaillierte Analyse der entstehenden zeitlichen Grenzen findet man in [ST12].

Die bisher üblichen Ethernet-Weckmechanismen, wie z. B. *Wake-On-Lan* [AMD95], wurden für den Einsatz in herkömmlichen Computern konzipiert und weisen vergleichsweise hohe Ruheströme von typischerweise über 10 mA auf. Damit sind sie nicht für den Einsatz im Fahrzeug geeignet, da dessen Standzeit bei einem verbreiteten Einsatz von Ethernet-Knoten stark sinken würde. Für einen Einsatz von Ethernet zur Steuergerätevernetzung wurden daher neue Ansätze zur Reduktion des Ruhestromverbrauchs von unter 1 mA erarbeitet und damit eine weitere wichtige Voraussetzung für einen Einsatz von Ethernet im Fahrzeug sichergestellt (vgl. [ZB10, BNK+11]).

2.3. FlexRay

Das in dieser Arbeit erarbeitete Hardwarekonzept zur adaptiven, bedarfsabhängigen Abschaltung von Steuergeräten ist insbesondere für Flexray-Knoten entwickelt worden. Daher werden in diesem Abschnitt die Grundlagen von FlexRay detailliert erläutert.

Die Anzahl und der Funktionsumfang sicherheitskritischer Fahrzeugfunktionen haben über die vergangenen Fahrzeuggenerationen stark zugenommen. Vor allem unter dem Schlagwort X-by-Wire geführte Systeme mit Echtzeitanforderungen sowie erweiterter Fahrerassistenz- und Fahrwerkssysteme erfordern eine deterministische, hochbandbreitige Datenübertragung. In Zusammenarbeit mit Halbleiterherstellern startete BMW 1996 daher die Entwicklung von *byteflight* [BPG00], welches als Vorgänger von FlexRay gewertet wird. byteflight wurde beispielsweise zur Verbindung von Steuergeräten verwendet, die Rückhaltesysteme wie Airbags auslösen. Als Übertragungsmedium wurden optische Glasfasern vorgesehen.

Bosch startete aufgrund ähnlicher Nutzungsszenarien die Arbeit am *Time-Triggered CAN* (TTCAN), um eine deterministische Antwortzeit von Nachrichten über CAN zu sichern [Int94b]. Aufgrund der wesentlich höheren Bandbreite von 10 MBit/s von FlexRay, hat sich TTCAN aber langfristig nicht als flächendeckende Alternative durchgesetzt.

Um die hohen Kosten pro byteflight-vernetzen Knoten zu senken, begannen BMW, Daimler, Motorola und Philips, in einem im Jahr 2000 gegründeten Konsortium, die gemeinschaftliche Entwicklung von FlexRay. Drei Hauptkriterien bei der Entwicklung von FlexRay waren:

1. ein deterministisches Kommunikationsverhalten, d. h. insbesondere eine zur Systemdesignzeit bekannte Obergrenze für die Übertragungsdauer einer Nachricht.

2. die Bereitstellung einer redundanten Übertragungsstrecke.

3. sowie die Sicherstellung der Funktionsfähigkeit des Busses auch beim Ausfall von Knoten.

Um die gesetzten Anforderungen zu erfüllen, verwendet FlexRay ein zyklisches Zugriffsverfahren nach dem *Time Division Multiple Access* (TDMA) und *Flexible Time Division Multiple Access* (FTDMA) Prinzip. Die dafür benötigte einheitliche Zeitbasis wird durch mehrere Synchronisations-Knoten bereitgestellt, damit bleibt das Netzwerk auch beim Ausfall eines Synchronisations-Knotens funktionsfähig. Zusätzlich wurde bereits in der Spezifikationsphase die Unterstützung eines redundanten Kommunikationskanals vorgesehen.

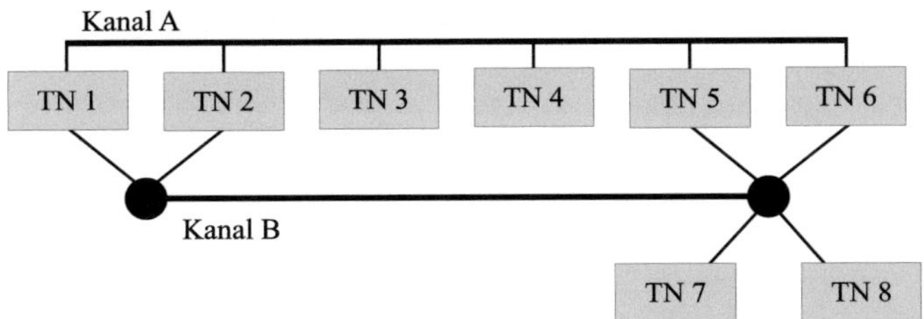

Abbildung 2.3.: Beispielhafte FlexRay-Topologie: Teilnehmer (TN) 1–6 sind an Kanal A angeschlossen. TN 1,2, 5 und 6 sind redundant über Kanal B verbunden, über den zusätzlich TN 7 und 8 kommunizieren.

2.3.1. Topologie

Im Gegensatz zu byteflight erlaubt FlexRay die Verwendung von günstigeren UTP-Leitungen. FlexRay unterstützt eine gemischte Linien- und Sterntopologie. Pro Bus können zwischen zwei und bis zu 64 Teilnehmer angeschlossen werden und maximal zwei Sterne enthalten. Die Sternpunkte müssen direkt verbunden werden, weitere Teilnehmer auf der Verbindungsstrecke sind nicht erlaubt. Je nach Datenübertragungsrate, der Anzahl der Teilnehmer und der Leitungslänge können aktive oder passive Sternverteiler verwendet werden.

FlexRay unterstützt einen zweiten physikalischen Kanal, der zur redundanten Übertragung von Frames oder zur Verdoppelung der Bandbreite verwendet werden kann. Die Aufteilung der Teilnehmer auf die beiden Kanäle ist frei wählbar. Abbildung 2.3 zeigt eine mögliche Bustopologie.

2.3.2. Sternpunkte

FlexRay unterstützt die Verwendung von passiven und aktiven Sternpunkten. Ein passiver Sternpunkt enthält keine aktiven Komponenten, benötigt keine eigene Spannungsversorgung und frischt das Bussignal, im Gegensatz zu einem aktiven Stern, nicht auf.

Ein aktiver Stern verwendet jeweils einen aktiven Bustreiber pro Ausgang. Die Bustreiber wandeln differentielle Bussignale in binäre Signalpegel um. Sobald ein Bustreiber Daten empfängt, werden die restlichen Bustreiber in den Sendebetrieb geschaltet und übertragen den empfangenen Signalwert auf ihre Busarme. Ein gleichzeitiges Empfangen mehrerer Bustreiber ist durch das FlexRay-Kommunikationsschema im fehlerfreien Fall nicht möglich. Im industriellen Einsatz kommen typischerweise in einen einzelnen Baustein integrierte aktive Sterne zum Einsatz, ein Aufbau über einzelne Bustreiber ist nicht üblich.

Durch die getrennte Ansteuerung der einzelnen Arme durch einen eigenen Bustreiber kann die physikalische Gesamtlänge des Busses und die Anzahl von Knoten pro Arm im Vergleich zu einem passiven Stern vergrößert werden. Für hohe Datenraten werden üblicherweise aktive Sterne verwendet.

Durch zusätzliche Logik kann ein aktiver Stern einzelne Bussarme abschalten. Eine entsprechende Komponente (TJA1085) wurde von NXP Semiconductors angekündigt [NXP10], ist jedoch in Q2/2012 noch nicht verfügbar. Der TJA1085 unterstützt bis zu 4 Busarme, die individuell aktiviert bzw. deaktiviert werden können. Eingehende Nachrichten auf einem Busarm werden nur an aktivierte Arme verteilt, d. h. einzelne Arme können vollständig vom restlichen Busverkehr abgekoppelt werden.

Integrierte Sterne unterstützen meist eine Steuerung und Diagnose durch einen angeschlossenen Host. Um die bereits verbauten Microcontroller im Fahrzeug wiederzuverwenden, werden aktive Sterne daher vorteilhaft in existierende Steuergeräte integriert. Es ist davon auszugehen, dass die Zustände der Busarme des TJA1085 ebenfalls durch einen externen Host gesteuert werden.

2.3.3. Kommunikation

FlexRay regelt den Buszugriff durch eine Kombination des TDMA und FTDMA Prinzips. Dazu werden Teilnehmern feste Sendeslots, in sich periodisch wiederholenden Kommunikationszyklen (im Folgenden *Cycles* genannt) zugeteilt. Die Länge der Cycles ist konstant, zwischen zwei Cycles sind ein Symbolfenster (*Symbol Window*) und eine kurze Ruhephase (*Network Idle Time*) vorgesehen. Die Zuteilung der Sendedaten in einem Slot kann in Abhängigkeit des aktuellen Cycles festgelegt werden. Diese Aufteilung (*Cycle-Multiplexing*) erlaubt eine bessere Nutzung der Bandbreite. Die Abstände zwischen möglichen Versendungen und die benötigte Bandbreite eines Knotens müssen dafür jedoch bereits bei der Systemauslegung bekannt sein. Die Anzahl der Cycles ist fest auf 64 festgelegt, nach dem 64. Cycle beginnt die Übertragung wieder beim ersten Cycle.

Ein Cycle selbst ist in ein *statisches* und *dynamisches* Segment unterteilt. Beide Segmente bestehen aus einer von der Buskonfiguration abhängigen Zahl von *Slots* im statischen und *Minislots* im dynamischen Segment.

Jeder Knoten zählt im Betrieb den aktuellen Cycle über einen internen *Cycle Counter* und den Slot bzw. Minislot über einen internen *Slot Counter*. Beim Start aus dem uninitialisierten Zustand wird der Cycle Counter auf den Wert 0 gesetzt. Im laufenden Betrieb wird der Cycle Counter auf 0 zurückgesetzt, wenn er den Wert 63 überschritten hat. Der Slot Counter beginnt bei Start eines Cycles stets bei 1 und wird mit jedem neuen Slot bzw. Minislot inkrementiert.

Grundlage der Zeitbildung eines FlexRay-Knotens ist der *Microtick*—die kleinste Zeitbasis eines FlexRay-Knotens-welcher auf Basis einer externen Taktquelle gebildet wird. Der Knoten erzeugt aus einer konfigurierbaren Anzahl von Microticks einen *Macrotick*.

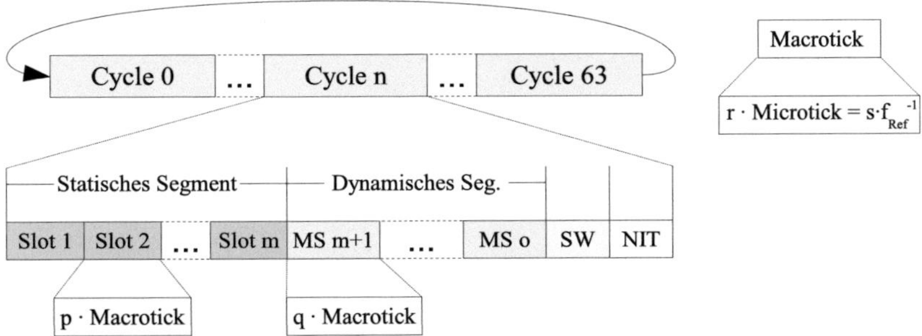

Abbildung 2.4.: Zeitliche Ordnung und Abfolge von Cycle, Slots, Minislots (MS), Macro- und Micro Ticks sowie dem Symbol Window (SW) und der Network Idle Time (NIT).

Die Dauer eines Slots oder Minislots wird wiederum aus einer konfigurierbaren Anzahl von *Macroticks* gebildet. Die Zusammenhänge zwischen Cycle, statischen und dynamischen Segment sowie Slot, Minislot, Mini- und Macrotick sind in Abbildung 2.4 dargestellt.

2.3.3.1. Statisches Segment

Ein Slot im statischen Segment ist für die Übertragung eines kompletten Frames ausgelegt. Slots müssen stets die gleiche Länge haben, damit gibt der größte zu übertragende Frame im statischen Segment die Dauer aller Slots vor.

Ein Slot ist über alle Cycles hinweg genau einem Teilnehmer zugeordnet. Der versendete Frame wird in Abhängigkeit des aktuellen Cycles bestimmt. Bei einer zweikanaligen Konfiguration kann ein Teilnehmer dabei unterschiedliche Frames versenden. Liegen zu einem konfigurierten Sendezeitpunkt im statischen Segment keine Sendedaten vor, wird automatisch ein *Null-Frame* versendet. Damit ist das statische Segment vor allem für die Übertragung von Botschaften gedacht, die mit einer vorab bekannten Zykluszeit versendet werden müssen. Bei der Versendung von sporadisch auftretenden Signalen bleibt die stets reservierte Bandbreite unbenutzt.

2.3.3.2. Dynamisches Segment

Das dynamische Segment erlaubt durch Verwendung eines Zugriffverfahrens nach dem *Flexible Time Division Multiple Access* (FTDMA) Prinzip eine bessere Nutzung der Bandbreite: im dynamischen Segment wird einem Knoten ein *Minislot* zugeteilt. Bei Sendewunsch startet der Knoten die Übertragung eines Frames bei Erreichen des Minislots, die Sendedauer kann sich im Gegensatz zum statischen Segment aber über mehrere Minislots erstrecken, auch wenn diese anderen Knoten zugeteilt sind.

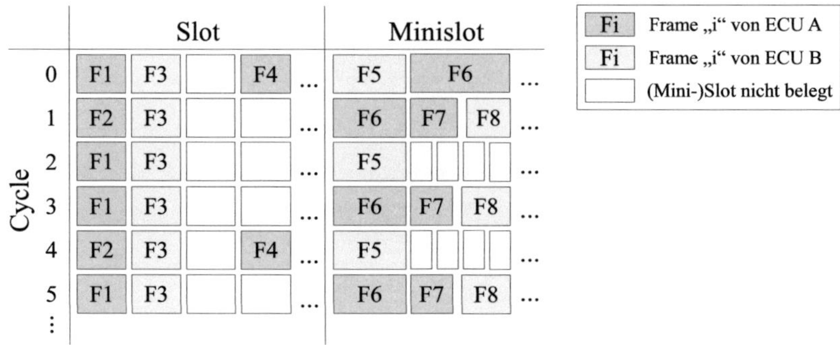

Abbildung 2.5.: Beispielhafter FlexRay-Schedule.

Der Slot Counter wird in diesem Fall erst nach Abschluss der Übertragung wieder inkrementiert, die folgenden Minislots werden also nach hinten verschoben.

Die Zuteilung des Sendeframes kann in Abhängigkeit von Minislot, Kanal und Cycle variiert werden. Dabei können Frames verschiedener Knoten auf den gleichen Minislot in unterschiedlichen Cycles gemappt werden, ein Minislot ist also nicht wie im statischen Segment fix über alle Cycles hinweg an einen Knoten gebunden.

2.3.3.3. Cycle Multiplexing und Schedule-Konfiguration

Die Buskonfiguration beschreibt, in welcher Kombination aus Cycle und (Mini-)Slot ein Frame versendet werden darf. Die vollständige Konfiguration über sämtliche Frames aller Knoten wird im Folgenden als *Kommunikations-Schedule* bezeichnet.

Ein beispielhafter Kommunikations-Schedule ist in Abbildung 2.5 dargestellt. Der Sendezeitpunkt eines Frames wird durch Angabe eines (Mini-)Slots bestimmt. Die Cycles in denen ein Frame versendet wird, bestimmen sich dabei aus einem konfigurierbaren *Cycle Offset o* sowie dem Parameter k, aus dem sich der *Repetition Factor* $r(k)$ ergibt.

o gibt den ersten Cycle an, in dem der Frame versendet wird. Anschließend erfolgt die Versendung des Frame alle $r(k)$ Cycles, mit $r(k) = 2^k$ für $0 \leq k \leq 6$. Bei $k = 0$ wird der Frame also in jedem Cycle versendet, bei $k = 6$ alle 64 Cycles.

Die zur Übertragung eines vollständigen Cycles benötigte Zeit t_{Cycle}, hängt von der Anzahl der Slots sowie der Datenrate ab. Für die praktischen Anteile dieser Arbeit ergeben sich auf Basis der Buskonfigurtion $t_{Cycle} = 5$ ms. Der Sendeabstand t_{Frame} kann damit zwischen $t_{Cycle} \cdot r(0) \leq t_{Frame} \leq t_{Cylcle} \cdot r(6)$, bzw. 5 ms $\leq t_{Frame} \leq 320$ ms variiert werden.

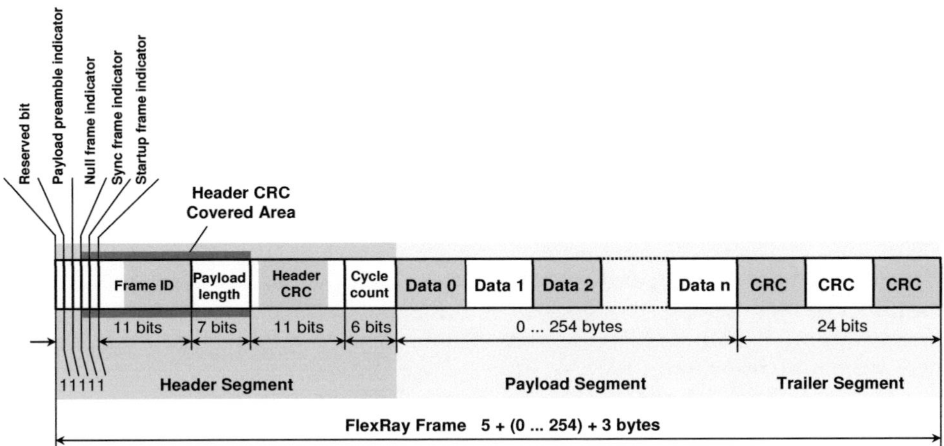

Abbildung 2.6.: Aufbau eines in Header, Payload und Trailer unterteilten FlexRay-Frames [Fle05].

2.3.3.4. Frameformat

Abbildung 2.6 zeigt den in Header, Payload und Trailer unterteilten Aufbau eines FlexRay-Frames.

Der Header beginnt mit einem reservierten Bit, gefolgt vom jeweils 1 Bit langen:

- *Payload Preamble Indicator*, welche für statische Frames anzeigt, ob die ersten 13 Bytes der Payload Netzwerkmanagement- oder Nutzdaten enthalten,

- *Null Frame Indicator*, welcher anzeigt, ob die Botschaft Daten enthält,

- *Sync Frame Indicator*, durch welchen ein zur Uhrensynchronisation verwendeter Frame gekennzeichnet wird,

- und *Startup Frame Indicator*, durch welchen Frames gekennzeichnet werden, die von Kaltstartknoten zum Hochfahren eines FlexRay Busses versendet werden.

Den Steuerbits folgen:

- die 11 Bit lange Frame-ID, welche dem Wert des bei Versendungsstarts anliegenden Slot-Zählers entspricht,

- die 7 Bit lange Länge der Payload, gemessen in 2-Byte Blöcken,

- eine 11 Bit lange *Header-Cyclic Redundanzy Check*-Summe (Header-CRC), berechnet über die vorherigen 20 Bits des Headers,

- sowie dem 6 Bit langen Wert des aktuellen Cycle Counters.

Dem Header folgt die zwischen 0 und 254 Byte lange Payload und eine 3 Byte lange, über den Frame berechneten CRC-Summe im Trailer.

2.3.3.5. FlexRay Wakeup-Pattern

Um einen ruhenden FlexRay-Bus zu starten, müssen alle angeschlossenen Knoten aufgeweckt werden. Dazu definiert das FlexRay-Protokoll ein spezielles Wakeup-Pattern. Das Wakeup-Pattern besteht aus mindestens zwei Wakeup-Symbolen. Ein Symbol wird durch Übertragung eines Low-Pegels für 6 us, gefolgt von einer Idle-Phase von 18 us gebildet. Der Low-Pegel ist dominant, d. h. bei der gleichzeitigen Übertragung eines Low- und Idle-Signals setzt sich der Low-Pegel auf dem Bus durch.

Während der Versendung des Wakeup-Patterns überwacht der Kommunikations-kontroller des sendenden Knotens, ob das Bussignal mit dem angelegten Signalwert übereinstimmt. Bei einer Differenz zieht sich der Knoten zurück. Eine Kollision von zwei Wakeup-Pattern wird nach spätestes einer Überlagerung der Symbole aufge-löst. Durch die Wiederholung des Symbols wird sicherstellt, dass das resultierende Pattern auf dem Bus aus einer Low-Idle-Low-Idle Sequenz besteht. Jede Phase hat eine minimale Länge von 4 us, die Gesamtlänge zweier Symbole ist immer kleiner als 48 us (vgl. [Fle06, pp. 17]).

Da die Pattern-Detektoren in FlexRay- Bustreibern über große Temperaturbereiche arbeiten müssen und die zeitliche Genauigkeit aufgrund der Verwendung von einfa-chen RC-Oszillatoren eingeschränkt ist, besitzt der Detektor hohe Toleranzen: emp-fangene Signalmuster, mit einer Gesamtlänge von bis zu 140 us und einer variablen minimalen Länge der Low- und Idle-Phase zwischen 1 us–4 us, dürfen als Wakeup-Pattern gewertet werden.

Zusammenfassend ist das Hauptziel der FlexRay Spezifikation die Bereitstellung ei-nes zuverlässigen Mechanismus zum Wecken eines schlafenden Busses. Die Auf-trittshäufigkeit von fehlerhaften Weckereignissen wird nicht explizit eingeschränkt. Es wird also insbesondere nicht sichergestellt, dass das Pattern in regulärer Buskom-munikation fehldetektiert wird.

2.3.3.6. Busstart und Synchronisation

FlexRay erfordert aufgrund seines Zugriffmechanismus nach dem TDMA-Verfahren eine busweit einheitliche Zeitbasis, um den aktuellen Slot und Cycle über alle Knoten hinweg eindeutig zuordnen zu können. Beim Busstart wird diese durch mindestens zwei Kaltstart-Knoten (*Coldstarter*), während dem laufenden Betrieb durch mindes-tens zwei Synchronisations-Knoten vorgegeben.

Erkennt ein Coldstarter den Bedarf eines Busstarts, überprüft er zuerst, ob der Bus bereits aktiv ist. Ist dies nicht der Fall, beginnt er mit der Versendung des im vor-herigen Abschnitt beschriebenen FlexRay Wakeup-Patterns, um alle Teilnehmer aus einem eventuell anliegenden Schlafzustand zu wecken. Wird während dieser Phase der Empfang eines weiteren Wakeup-Patterns erkannt, wird die Übertragung unter-brochen und der Coldstarter zieht sich zurück. Hat ein Knoten das Wakeup-Pattern vollständig versendet, wird er zum *Leading Coldstarter*.

Der Leading Coldstarter sendet anschließend ein *Collision Avoidance Symbol* (CAS) aus. Das CAS zeigt allen Teilnehmern den bevorstehenden Busstart an und führt zudem zum Rücksetzen der Cycle Counter aller Knoten. Der Leading Coldstarter beginnt danach mit der Aufnahme seines Sendebetriebs. Dabei sendet er genau einen Frame im statischen Segment, welcher als Startup- und als Synchronisation-Frame gekennzeichnet ist.

Der Frame enthält den vom Leading Coldstarter vorgegebenen Cycle und Slot Counter. Die restlichen Coldstarter können sich damit nach Empfang von mindestens vier Startup-Frames auf dessen Zeitbasis synchronisieren. Dazu wird insbesondere solange eine lokale Uhrenanpassung vorgenommen, bis der aus der Konfiguration ermittelte Soll-Zeitpunkt des empfangenen Framestarts mit dem lokalen Wert übereinstimmt. Nach erfolgreicher Synchronisierung beginnen die restlichen Coldstarter auch ihre Startup- und Synchronisation-Frames auszusenden. Reguläre Knoten starten abschließend ihre Synchronisation nach dem Empfang von mindestens vier Frames mit gesetztem Startup- und Synchronisation-Flag, von mindestens zwei unterschiedlichen Coldstartern.

Verliert ein Knoten bei aktivem Bus die Synchronisation (z. B. durch einen Reset), kann er sich anhand empfangener Startup-Frames wieder integrieren. Im laufenden Betrieb können weitere Frames mit Synchronisation-Flag versendet werden. Diese werden von allen Knoten zur fortwährenden Uhrensynchronisation verwendet.

Schlägt der Start eines Busses nach einer konfigurierbaren Anzahl von Zyklen fehl, wird der Start abgebrochen. Die Applikationssoftware eines Coldstarter kann bei Bedarf einen neuen Busstart anstoßen.

Da die Kanäle A und B im zweikanaligen Betrieb synchron laufen müssen, werden Coldstarter immer an beide Kanäle angeschlossen. Nicht durch die FlexRay-Spezifikation gefordert, aber empfehlenswert, ist die Versendung von Frames mit gesetztem Synchronisations-Flag auf beiden Kanälen. Damit werden ungleiche Ergebnisse der Uhrensynchronisation zwischen den Kanälen vermieden.

2.3.4. Aufbau eines FlexRay-Knotens

Abbildung 2.7 zeigt den grundsätzlichen Aufbau eines FlexRay-vernetzten Steuergerätes. Der Knoten ist über einen Bustreiber (OSI Ebene 1) an das Busmedium angeschlossen. Der Bustreiber ist mit einem FlexRay *Communication Controller* (CC) (im Folgenden Kommunikationskontroller genannt) verbunden, welcher auf der OSI-Ebene 2 angesiedelt ist. Der CC wird durch einen *Host* konfiguriert und gesteuert (vgl. [Fle05]).

Der Bustreiber wandelt in Empfangsrichtung den differentiellen Buspegel in ein digitales Empfangssignal um. Umgekehrt legt er bei Sendefreigabe den Sendewert in Form eines differentiellen Pegels auf den Bus. Bustreiber haben typischerweise mindestens einen *Inhibit*-Pin, durch den externe Spannungsregler gesteuert werden können.

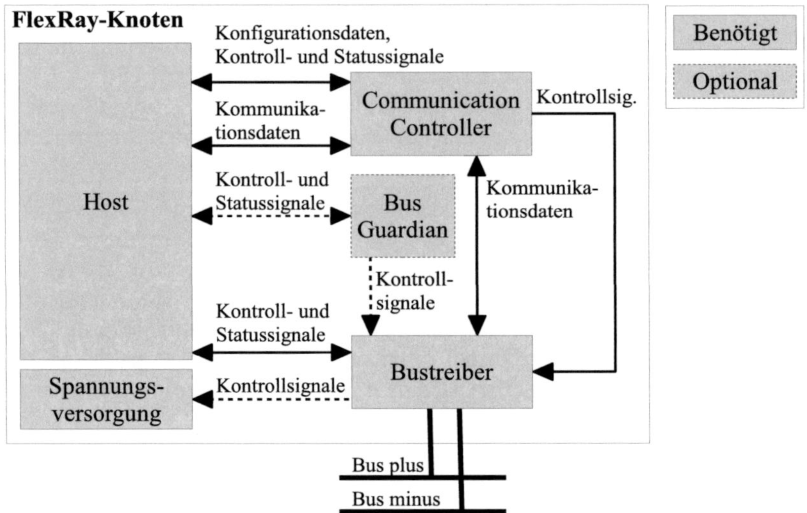

Abbildung 2.7.: Vereinfachter Aufbau eines FlexRay-Knotens. Der Knoten ist über den Bustreiber mit dem Busmedium verbunden. Der mit dem Bustreiber verbundene FlexRay Communication Controller (CC) ist typischerweise in einem Microcontroller integriert und wird durch einen Host, üblicherweise der CPU, gesteuert. Optional kann ein Bus Guardian zwischen CC und Bustreiber die Versendung von Frames zusätzlich absichern und bei Bedarf unterbinden.

FlexRay Bustreiber unterstützen verschiedene Betriebszustände, die durch dedizierte Pins oder über ein *Serial Peripheral Interface* (SPI) gesteuert werden. Ohne Berücksichtigung von transienten Zuständen unterstützen FlexRay Bustreiber vier Betriebszustände: *Normal*, *Receive-only*, *Standby* und *Sleep*.

In *Normal* ist der Bustreiber vollständig funktionsbereit, Receiver und Transmitter sind aktiv. In *Receive-only* wird der empfangende Buspegel durch den Receiver des Bustreibers auf den Rx-Pin gelegt, der Transmitter ist aber abgeschaltet. In *Standby* sind Receiver und Transceiver abgeschaltet, der Wakeup-Detektor des Bustreibers ist aktiv. Ein erkanntes Weckereignis wird durch einen Flankenwechsel an definierten Pins angezeigt. In *Normal*, *Receive-only* und *Standby* treibt der Bustreiber den Inhibit-Pin aktiv auf den logischen Wert „1".

Das Verhalten in *Sleep* ist analog zum Zustand *Standby*. Der Inhibit-Pin des Bustreibers ist jedoch hochohmig (*floating*), ein angeschlossener Spannungsregler wäre damit deaktiviert. Ein Weckereignis wird wie im Zustand *Standby* angezeigt, zusätzlich wird bei einem Weckereignis der Inhibit-Pin auf „1" gesetzt, ein unbestromtes Steuergerät würde damit aktiv werden.

Der CC steuert alle FlexRay-relevanten Protokollanteile. Dazu gehören die Uhrensynchronisierung, die Koordinierung des Busstarts sowie die Versendung und der

Empfang von Frames. Der Zustand des CCs kann über seine *Protocol Operation Control* (POC) Zustandsmaschine gesteuert, bzw. abgefragt werden. Die POC-Zustandsmaschine des in dieser Arbeit verwendeten CCs wird im nächsten Abschnitt exemplarisch erläutert.

Die Konfiguration und Steuerung des CCs erfolgt durch einen Host. Aus Hardwaresicht ist der Host typischerweise eine CPU, auf der eine Applikationssoftware ausgeführt wird, die das Kommunikationsvershalten des CCs bestimmt. Bis auf wenige Ausnahmen, wie z. B. dem Infineon CIC310 und Fujitsu MB88121B, sind CCs typischerweise auf einem Microcontroller integriert und nicht als externes Bauteil ausgelegt.

2.3.5. E-Ray FlexRay IP-Modul

Für die im Abschnitt 4.4.1 beschriebene Implementierung des in dieser Arbeit vorgeschlagenen Hardwarekonzeptes wurde der *E-Ray*, eine von der Robert Bosch GmbH entwickelt und vertriebene FlexRay IP [Rob09a], verwendet. Zum besseren Verständnis des Implementierungsvorschlages wird in den nächsten Abschnitten eine Übersicht über die grundsätzliche Funktionsweise des E-Rays gegeben. Eine vollständige Beschreibung findet man in der E-Ray Spezifikation [Rob09b].

2.3.5.1. Aufbau

Der E-Ray unterstützt die FlexRay-Protokollversion 2.1 [Fle05] und erlaubt die Verwendung von zwei FlexRay-Kanälen mit einer maximalen Datenrate von je 10 MBit/s. Der E-Ray verwendet gekapselte RAMs, welche frei auf bis zu 128 *E-Ray Message-Buffer* (Puffer) aufgeteilt werden können. Die maximale Payload eines Puffers liegt bei 254 Byte. Frames, die in einem zum Empfang konfigurierten Puffer geschrieben werden, können nach Kanal, Slot und Cycle Counter gefiltert werden. Der schematische Aufbau des E-Rays ist in Abbildung 2.8 dargestellt. Über das *Customer* und *Generic CPU Interface* kann der E-Ray an beliebige On-Chip-Bussysteme oder direkt an den Host angeschlossen werden. Das Interface wird allgemein auch als *Controller Host Interface* (CHI) bezeichnet. Durch das CHI können die E-Ray Puffer über den *Input Buffer* (IBF) beschrieben und über den *Output Buffer* (OBF) gelesen werden.

Ein Schattenpuffermechanismus stellt dabei sicher, dass über das CHI stets konsistente Daten ausgelesen bzw. versendet werden. So kann beispielsweise während des Empfangs eines Frames nicht fälschlicherweise die gemischte Payload des alten und neuen Frames ausgelesen werden. Analog wird bei der Versendung immer nur der komplette Frame zur Versendung freigegeben. Eine nähere Beschreibung der durch die Kapselung der internen Speicher entstehenden Vorteile findet man in [HH04].

Die *FlexRay Protocol Controller* (PRT) für Kanal A und B sind mit dem jeweiligen Bustreiber verbunden und u. a. für den Empfang und Versand von FlexRay-Frames, der Überprüfung der Header- und Frame-CRC sowie für das korrekte Bittiming zuständig.

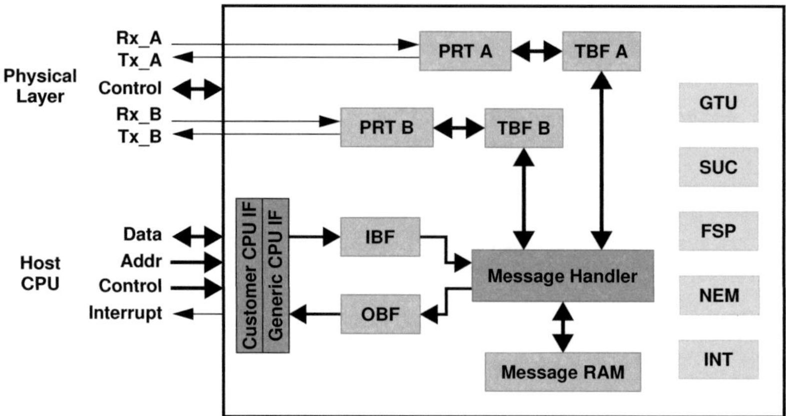

Abbildung 2.8.: Blockschaltbild des E-Ray FlexRay IPs von Bosch [Rob09b].

Ein- bzw. ausgehende Frames werden durch den PRT in bzw. aus dem zugehörigen *Transient Buffer* (TBF) gelesen bzw. geschrieben. PRT und TBF sind nur von der globalen FlexRay Konfiguration abhängig und verarbeiten alle eingehenden Frames.

Der TBF wird durch den Message Handler ausgelesen. Eingehende Frames werden anhand der unterschiedlichen E-Ray Pufferkonfiguration gefiltert und bei positivem Ergebnis im Message RAM gespeichert. Die Konfiguration eines E-Ray Puffers enthält insbesondere den zu filternden Cycle- und Slot-Wert, die Zieladresse des Message RAMs und die Anzahl der zu speichernden Frames. Jeder Puffer verfügt über eine eindeutige *Puffer-ID*. Frames können über das CHI durch Angabe der Puffer-ID ausgelesen bzw. geschrieben werden.

In Senderichtung transferiert der Message Handler zu versendende Frames in die TBFs. Die Payload der Frames kann ebenfalls über die passende Puffer-ID durch das CHI geschrieben werden.

Zur vereinfachten Integration des E-Ray Moduls in *Application Specific Integrated Circuits* (ASICs) wird der E-Ray mit zwei unterschiedlichen Takten versorgt: dem Bustakt clk_{bclk} und dem Sample-Takt clk_{sclk}.

clk_{sclk} wird zur Abtastung des Busses verwendet. Für eine Datenrate von 10 MBit/s ist ein Takt von 80 MHz notwendig. clk_{bclk} wird für den Zugriff auf den E-Ray über das CHI verwendet. Der Takt kann in Abhängigkeit von *sclk* variiert werden. Für $clk_{sclk} = 80$ MHz kann clk_{bclk} beispielsweise zwischen 45 MHz–240 MHz liegen.

Durch die Unterteilung sind keine Taktbrücken zur Anbindung des E-Rays an weitere Module notwendig: unter Berücksichtigung des einzuhaltenden Verhältnisses von clk_{sclk} kann typischerweise der On-Chip Bustakt des Sytems direkt für clk_{bclk} verwendet werden.

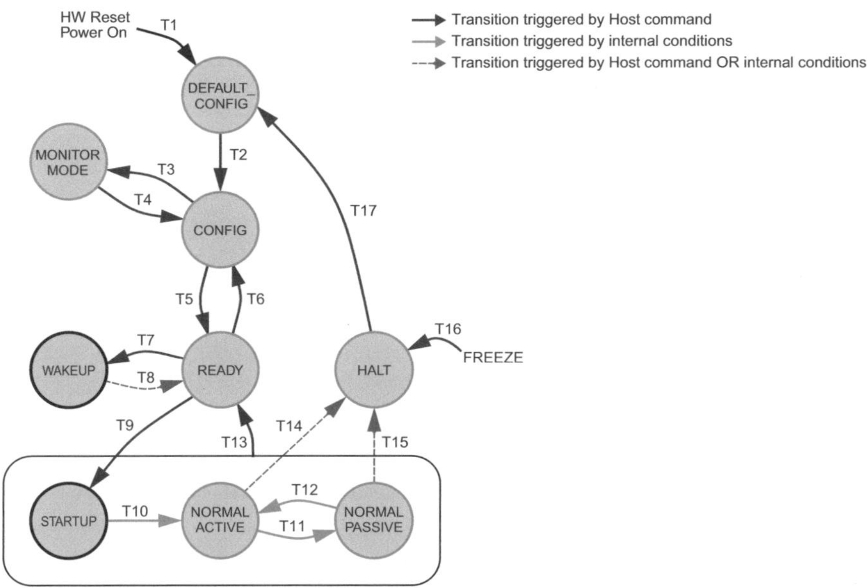

Abbildung 2.9.: POC-Zustandsmaschine des E-Rays [Rob09b].

2.3.5.2. POC-Zustandsmaschine

Die FlexRay-relevanten Protokollanteile, wie die Uhrensynchronisierung, die Koordinierung eines Netzwerkstartes oder die Versendung und der Empfang von Frames, werden in Abhängigkeit des Zustandes der *Protocol Operation Control* (POC) Zustandsmaschine gesteuert. Der POC-Status kann über das CHI gesetzt bzw. abgefragt werden.

Abbildung 2.9 zeigt die POC-Zustandsmaschine des E-Rays. Um Kommunikation aufzunehmen, muss der POC des E-Rays in den Zustand **NORMAL ACTIVE** gebracht werden. Auf dem Weg dahin muss der E-Ray ausgehend von **DEFAULT CONFIG**, in der die E-Ray Konfiguration zurückgesetzt wird, in **CONFIG** geschaltet werden. Hier kann der E-Ray gemäß den netzwerkweit einheitlichen Busparametern sowie den knotenspezifischen Sende- und Empfangsbeziehungen konfiguriert werden.

Nach der vollständigen Konfiguration kann der Übergang in den **MONITOR MODE** oder nach **READY** angefordert werden. Im **MONITOR MODE** wird die Empfangsfähigkeit des E-Rays getestet. In **READY** ist der E-Ray kommunikationsbereit und kann wahlweise einen Wakeup des Busses auslösen (**WAKEUP**) oder Kommunikation aufnehmen. Dazu fordert der Host einen Übergang nach **STARTUP** an. Ausgehend von **STARTUP** wechselt der E-Ray selbständig nach **NORMAL ACTIVE**, wenn er sich erfolgreich in den Bus integriert hat.

Zur Unterbrechung der Kommunikation kann zurück zu **READY** oder **HALT** gesprungen werden. Um aus **HALT** wieder in einen kommunikationsfähigen Zustand zu wechseln, muss der vollständige Konfigurationsablauf wiederholt werden.

Ist durch Timingprobleme nicht sichergestellt, dass ein fehlerfreier Sendebetrieb aufrecht erhalten werden kann, d. h. die zugewiesenen Sendeslots mit Slots anderer Knoten kollidieren könnten, wechselt der E-Ray nach **NORMAL PASSIVE**, bis die Uhrensynchronisation wieder ausreichend genau ist. Bei gravierenden Timing- oder Busfehlern erfolgt ein automatischer Wechsel nach **HALT**.

2.3.6. FlexRay 3.0

Durch die Erfahrungen im Umgang mit der aktuellen FlexRay-Protokollversion 2.1 wurden einige für FlexRay getroffene Prämissen überdacht. Die sich daraus ergebenden Änderungswünsche wurden in der Spezifikation von FlexRay 3.0 berücksichtigt.

Als wichtigste Änderungen gelten folgende Eigenschaften:

- Cycle Multiplexing ist für FlexRay 3.0 auch im statischen Segment über mehrere Knoten hinweg erlaubt, d. h. ein statischer Slot ist nicht über alle Cycles hinweg genau einem Knoten zugeordnet.

- die Anzahl der Cycles ist nun nicht mehr auf 64 beschränkt: der Cycle Counter kann nach jeder geraden Anzahl von Cycles zwischen 8–64 zurückgesetzt werden.

- der Repetition Faktor eines Slots kann auf 5, 10, 20, 40 oder 50 festgelegt werden und ist damit nicht mehr auf Zweierpotenzen beschränkt. Damit ergeben sich im Vergleich zum restlichen Fahrzeugnetzwerk passendere Zykluszeiten, für zu übertragenden Signale.

Zudem sind neue Synchronisationsmodi in die Spezifikation aufgenommen worden: die *Time-Triggered Local Master* (TT-L) Synchronisation und *Time-Triggered External* (TT-E) Synchronisation.

Im TT-L Betrieb kann ein Knoten als alleiniger Coldstarter arbeiten, es ist kein weiterer Knoten zur initialen Bildung der globalen Zeitbasis notwendig. Insbesondere für kleine Buskonfigurationen ergibt sich somit eine höhere zeitliche Präzision, da kein Ausgleich der Taktungenauigkeiten zwischen mehreren Coldstart-Knoten erforderlich ist.

Im TT-E Betrieb kann ein Knoten als Gateway zwischen verschiedenen FlexRay-Clustern dienen. Dabei spiegelt der Knoten insbesondere die Zeitbasis eines Quellclusters in eine oder mehrere Zielcluster. Durch die Aufteilung ist eine Trennung des Datenverkehrs möglich, der TT-E-Knoten kann Nachrichten zwischen den verschiedenen Clustern routen.

2.4. Zyklisches Kommunikationsverhalten von E/E-Architekturen

Im E/E-Architekturen heutiger Fahrzeuge kommt überwiegend ein zyklisches Kommunikationsverhalten zum Einsatz. Signale werden mit einer allen Empfängern bekannten Zykluszeit versendet, auch wenn sich ihr Inhalt im Vergleich zur letzten Übertragung nicht geändert hat.

Hauptgrund für das zyklische Kommunikationsschema ist die Reduktion der Systemkomplexität sowie die Erhöhung der Robustheit der Fahrzeugkommunikation: der Aufwand pro empfangenem Signal wird reduziert, da Empfänger stets den letzten empfangenen Wert verwenden können und keine interne Historie verwalten müssen. Die Robustheit des Systems gegenüber kurzzeitigen Störungen des Übertragungsmediums oder einzelner Empfängers wird erhöht, da bei Verwendung einer hinreichend kurzen Zykluszeit die Funktionsfähigkeit des Fahrzeugs auch beim Verlust einzelner Signale aufrecht erhalten werden kann. Dieser Nutzen kann verstärkt werden, wenn Signale bei einer Wertänderung mehrmals mit einer verkürzten Zykluszeit versendet werden.

Signale können bei Bedarf Timeout-überwacht werden. Wird eine Nachricht über einen Zeitraum von mehreren Zykluszeiten hinweg nicht empfangen, erfolgt eine Fehlerbehandlung im Empfänger. Der Bedarf und verwendete Zeitraum für eine Überwachung ist applikationsabhängig.

Ein zyklisches Kommunikationsverhalten scheint auf Bitübertragungsebene mit einer Steigerung der Energieeffizienz im Konflikt zu stehen. Selbst bei vollständiger Busauslastung liegt jedoch die für den Sendebetrieb anfallende Sendeleistung am Beispiel von CAN nur 7% über der Leistung, die für den aktiven Transceiver und Kommunikationskontroller ohne Sendebetrieb anfällt [Fri08]. Die Vorteile einer Steigerung der Systemrobustheit gegenüber kurzzeitigen Fehlern von Knoten oder des Busses und der Reduzierung der Systemkomplexität überwiegen gegenüber diesem Mehrverbrauch deutlich. Erst auf Systemebene führt die konstante Buslast aufgrund der Einschränkungen heutiger Bussysteme zu deutlichen Einbußen hinsichtlich der Energieeffizienz von E/E-Architekturen.

2.5. Aufbau von Steuergeräten

Als Steuergerät wird in dieser Arbeit ein an einen Fahrzeugbus angeschlossenes, eingebettetes System verstanden, welches eine regelnde oder messende Funktion vollzieht bzw. einen Funktionsbeitrag, zu einem über mehrere Steuergeräte verteiltem, regelndem oder messendem System ausführt. Die Datenerfassung und Regelung wird typischerweise durch einen Microcontroller gesteuert.

Um die Energieeffizienz von Steuergeräten zu bewerten, ist eine Betrachtung des verallgemeinerten Aufbaus hilfreich. Wie in Abbildung 2.10 gezeigt, kann dabei zwischen:

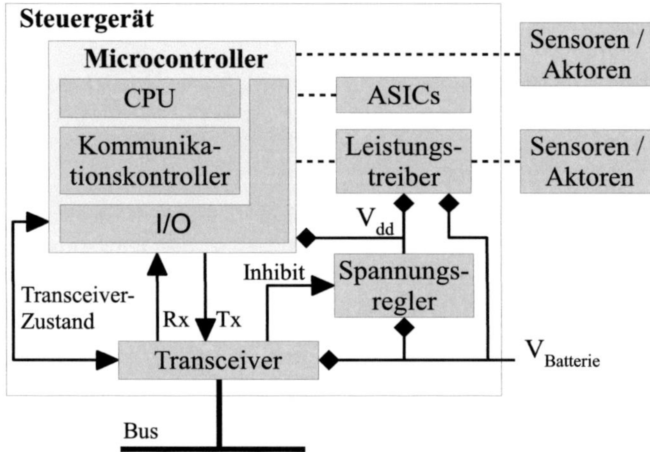

Abbildung 2.10.: Vereinfachter, allgemeiner Aufbau eines Steuergerätes, bestehend aus einem Transceiver, Spannungsregler, Leistungstreiber, Microcontroller, internen ASICs sowie externen Sensoren und Aktoren.

1. steuergeräteinternen Komponenten, insbesondere dem Microcontroller sowie weiteren *Application Specific Integrated Circuits* (ASICS), wie z. B. DSPs,

2. einer Schnittstelle zu einem Fahrzeugbus (Transceiver),

3. Spannungsreglern zur internen Leistungsversorgung,

4. angeschlossenen Sensoren und Aktoren,

5. und Leistungstreibern für Sensoren und Aktoren mit hohem Leistungsbedarf, unterschieden werden.

In den folgenden vier Abschnitten wird eine Übersicht über dazu typischerweise verwendete Komponenten gegeben. Zudem werden Gründe für die Einschränkungen der Energieeffizienz von CMOS-Halbleiterbauteilen erläutert.

2.5.1. Leistungsverteilung

Die Leistungsversorgung von Kfz-Steuergeräten erfolgt über das Fahrzeugbordnetz, welches starken Spannungsschwankungen unterliegt: beim Motorstart ergibt sich vor allem bei kalten Temperaturen ein erheblicher Spannungseinbruch. Bei laufendem Motor wird die Generatorspannung an den Ladezustand der Batterie angepasst und kann vorübergehend deutlich über die eigentliche Batteriespannung steigen. Der spezifizierte Spannungsbereich, in dem ein Steuergerät funktionsfähig sein muss, liegt daher üblicherweise zwischen 7 V–16 V.

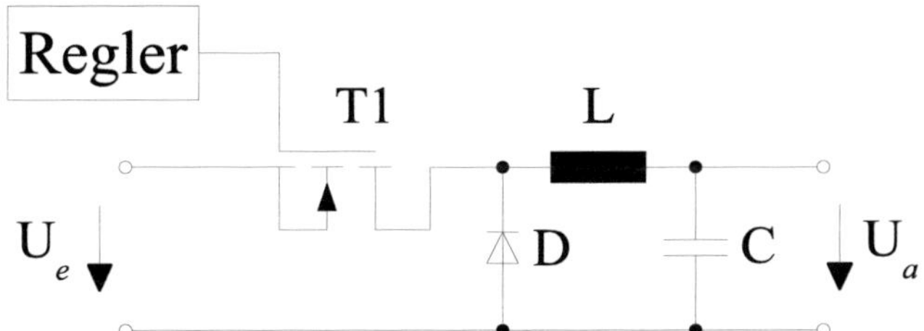

Abbildung 2.11.: Vereinfachter, allgemeiner Aufbau eines Tiefsetzstellers, welcher eine Eingangsspannung U_e in eine, durch das Ansteuerverhältnis des Transistors T1 bestimmte, geringere Ausgangsspannung U_a wandelt.

Für die meisten Halbleiterkomponenten ist eine, im Vergleich zur Bordnetzspannung geringere Betriebsspannung, von meist 3,3 V–5 V notwendig. Zur Versorgung und zum Schutz der verbauten Steuergerätekomponenten wird die Bordnetzspannung daher durch *Schaltregler* oder *Lineare Spannungsregler* umgewandelt und stabilisiert.

Kommerzielle Spannungswandler erweitern die eigentliche Umsetzung meist um Funktionen zur Temperaturkompensation und zur Fehlererkennung. Aufgrund der hohen Varianz der unterschiedlichen Lösungen werden in den nächsten zwei Abschnitten nur die allgemeine Funktionsweise und Eigenschaften der unterschiedlichen Spannungswandler beschrieben. Für konkrete Schaltungen und eine detaillierte Erläuterung der Eigenschaften von Spannungsreglern wird auf Datenblätter gebräuchlicher Regler wie dem LT3509 von Linear Technology und separate Literatur, wie [TSG10] verwiesen.

2.5.1.1. Schaltregler

Schaltregler können, je nach Verhältnis zwischen Ein- und Ausgangsspannung, allgemein in Tief- und Hochsetzsteller unterschieden werden. Tiefsetzsteller wandeln eine gegebene Eigenspannung in eine geringere Ausgangsspannung um, für Hochsetzsteller gilt ein umgekehrtes Verhältnis.

In Steuergeräten kommen überwiegend Tiefsetzsteller zum Einsatz, da die meisten Komponenten wie Halbleiterbauelemente, Sensoren und Aktoren eine unter der Bordnetzspannung liegende Versorgungsspannung benötigen. Im Antriebsstrang werden beispielsweise zur Ansteuerung von Kraftstoffinjektoren aber auch Hochsetzsteller verwendet, die wesentlich höhere Spannungen erzeugen.

Tiefsetzsteller besitzen den in Abbildung 2.11 gezeigten vereinfachten Aufbau. Der Transistor T1 wird durch eine Regellogik periodisch in einen leitenden bzw. sperrenden Zustand versetzt. Dabei sei T die Gesamtdauer einer Ansteuerperiode, T_{On} die Zeit zu Beginn der Periode, in der der Transistor T1 durchgeschaltet ist und $T_{Off} = T - T_{On}$ die Zeit, in der T1 sperrt.

Die Ausgangsspannung U_a des Tiefsetzstellers berechnet sich zu $U_a = \frac{T_{On}}{T} \cdot U_e$: ist der Transistor T1 in der Zeit T_{On} durchgeschaltet, sperrt die Diode D und die Spule L wird geladen. Sperrt T1 für die Dauer T_{Off}, entlädt sich die Spule über C. Das Ansteuerungsverhältnis muss durch die regelnde Komponente ermittelt und in Abhängigkeit der Lastseite angepasst werden. Kommerziell erhältliche Schaltregler enthalten fast immer eine integrierte Steuerung, die auf eine feste Ausgangsspannung ausgelegt ist.

Da in den Sperrzeiten des Transistors unter Vernachlässigung von Leckströmen kein Strom in den Schaltregler fließt, ist die Effizienz hauptsächlich durch die Diode D sowie durch den Innenwiderstand der Spule und des Transistors beschränkt. Zur weiteren Verbesserung kann D durch einen zweiten, gegenläufig gesteuerten Transistor ersetzt werden. Für die Wandlung einer Eingangsspannung von 12 V nach 3,3 V liegt der erreichbare Wirkungsgrad des LT3509 von Linear Technology je nach Laststrom und Schaltfrequenz beispielsweise zwischen ca. 55%–81%, für eine Wandlung von 12 V nach 5 V bei ca. 71%–87% [LIN07].

Die getaktete, hochfrequente Ansteuerung des Schalttransistors erzeugt jedoch EMV-Störungen, die einen Einsatz für bestimmte Anwendungsbereiche ausschließen. Zudem sind Schaltregler, im Vergleich zu den im nächsten Abschnitt beschriebenen linearen Spannungsreglern, aufgrund der höheren Zahl von Komponenten teurer.

2.5.1.2. Lineare Spannungsregler

Aus Kosten- und EMV-Gründen kommen heute für kleine Leistungsbereiche überwiegend lineare Spannungsregler zum Einsatz. Der in Abbildung 2.12 gezeigte Aufbau verdeutlicht die geringere Komplexität im Vergleich zu Schaltreglern. Im einfachsten Fall werden nur passive Bauteile benötigt, es ist keine getaktete Ansteuerung notwendig.

Im gezeigten Beispiel ergibt sich die Ausgangsspannung U_a auf Basis der durch eine Zener-Diode gegebenen Referenzspannung U_{Ref} und dem Spannungsabfall über die Basis-Emitter-Strecke U_{BE} des Transistors zu:

$$U_a = U_{Ref} - U_{BE}$$

Wesentliche Komponente des Spannungsreglers ist ein npn-Transistor, welcher als geregelter Widerstand verwendet wird. Über die Regelung des Widerstandes kann der Spannungsabfall über T2 in Abhängigkeit des an T2 anliegenden Basisstroms bestimmt werden.

Ein Nachteil gegenüber Schaltregler ist der durch das Funktionsprinzip begrenzte Wirkungsgrad. Überschüssige Leistung wird thermisch abgegeben. Soll also beispielsweise eine Spannung von 12 V in 5 V umgewandelt werden, ist der Wirkungsgrad ohne weitere Berücksichtigung der Eigenschaften des Reglers auf $\eta_{Linear} \leq \frac{5}{12}$ begrenzt. Bei hoher Ausgangsleistung oder bei Wandlung hoher Spannungsdifferen-

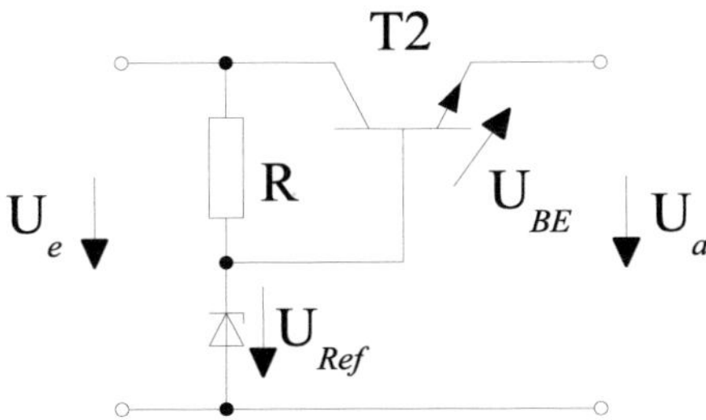

Abbildung 2.12.: Aufbau eines einfachen Linearreglers, in dem die Ausgangsspannung durch Anpassung des Spannungsabfalls über den Transistor T2 auf $U_a = U_{Ref} - U_{BE}$ stabilisiert wird (vgl. [TSG10]).

zen (z. B. in 42 V Bordnetzen) kommt daher aufgrund thermischer Beschränkungen oft eine Kombination aus Schalt- und Linearregler zum Einsatz.

2.5.2. Leistungstreiber

Fast alle Fahrzeugsysteme steuern an mindestens einer Stelle im Funktionsfluss Aktoren im Fahrzeug. Dies kann beispielsweise die temperaturabhängige Aktivierung eines Heizelementes oder die Ansteuerung eines Motors zur Verstellung von Lüfterklappen sein. Im Gegensatz zu Komponenten wie LEDs oder Sensoren können diese Bauteile aufgrund ihres erhöhten Leistungsbedarfs nicht direkt durch einen I/O-Port des Microcontrollers versorgt werden, da diese üblicherweise nur geringe maximale Ausgangsströme in der Größenordnung von 10^0 mA–10^1 mA bereitstellen können.

Stattdessen regelt der Microcontroller die Leistungsversorgung zum Aktor über Leistungstreiber. Üblicherweise kommen dabei Relais, *Solid State Relais* (SSRs) oder *Metal Oxide Semiconductor Field Effect Transistors* (MOSFETs) zum Einsatz.

2.5.2.1. Relais

Relais sind mechanische Bauteile, die eine gesteuerte Verbindung von zwei Ausgangskontakten durch einen Schalter erlauben. Damit kann die Leistungsversorgung zu einer angeschlossenen Komponente hergestellt oder getrennt werden. Der Schalter wird durch eine steuerbare Spule angesteuert.

Durch den Aufbau von Relais ergibt sich eine galvanische Trennung der Ein- und Ausgangsspannung, welche nur durch bei sehr hohen Spannungsdifferenzen auftretenden Spannungsbögen aufgehoben wird. Auf Leistungsseite ist der Durchgangswiderstand des Schalters meist sehr gering, zur Ansteuerung gewöhnlicher Relais ist jedoch ein konstanter Haltestrom notwendig. Alternativ können bistabile Relais verwendet werden, die nur zur Öffnung und Schließung des Schalters angesteuert werden müssen.

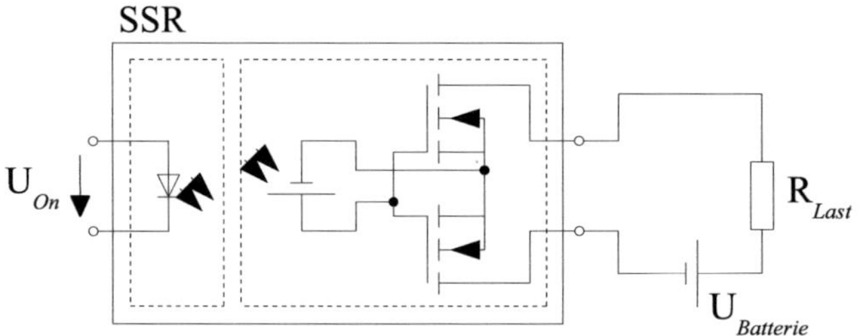

Abbildung 2.13.: Ansteuerung einer Last durch ein Solid State Relais (SSR).

Die Lebensdauer eines Relais ist stark von der bei der Durchschaltung anliegenden Spannung abhängig, da die Kontaktpole des Schalters bei hohen Schaltspannungen durch Funkenschlag verschleißen können. Zudem sind Relais nicht erschütterungsfest und beanspruchen im Vergleich zu SSRs und MOSFETs mehr Bauraum.

2.5.2.2. Solid State Relais

Wie bei Relais ist der regelnde Eingang von SSRs galvanisch von der Leistungsseite getrennt. Dabei steuert ein Koppler über U_{On} ein schaltendes Bauelement an, das die Spannungsversorgung auf der Leistungsseite herstellt bzw. trennt. Zur Kopplung kann z. B. ein Transformator oder, wie in Abbildung 2.13 gezeigt, ein durch eine LED angesteuerte photosensitive Spannungsquelle verwendet werden. Zur Schaltung selbst kommen beispielsweise Thyristoren oder selbstsperrende MOSFETs zum Einsatz. Im dargestellten Beispiel werden beim Einschalten der LED auf Schaltseite zwei MOSFETs durch Aktivierung der Spannungsquelle auf Leistungsseite durchgesteuert.

Im Gegensatz zu Relais werden auf der Leistungsseite keine mechanischen Bauteile verwendet, Schaltvorgänge erfolgen also lautlos, schneller (unter 1 ms) und ohne mechanische Beanspruchung des SSRs. Damit ist die Lebenserwartung wesentlich höher. Ein Nachteil von SSRs im durchgeschalteten Zustand ist der höhere Durchgangswiderstand des Schaltelements im Vergleich zum mechanischen Schalter eines Relais. Zudem treten auch im abgeschalteten Zustand Leckströme in der Größenordnung von $1\,\mu\text{A}$–1 mA auf. Die genauen SSR-Parameter hängen stark vom zu schaltenden Leistungsbereich ab, daher können nur allgemeine Wertebereiche angegeben werden.

Eine wichtige Eigenschaft von SSRs und Relais ist die hohe Isolierspannung zwischen Steuer- und Lastseite von mehreren kV. Die meisten Fehlerfälle, wie z. B. Kurzschlüsse oder Spannungsspitzen, sind damit auf die Lastseite begrenzt und können auf der Steuerseite erkannt werden.

2.5.2.3. MOSFETs

Ist keine galvanische Trennung notwendig, können Lasten auch durch vom Microcontroller gesteuerte MOSFETs versorgt werden.

MOSFETs und SSRs weisen im ausgeschalteten Zustand einen Leckstrom auf. In einem defekten Bauteil kann die Leistungsversorgung konstant durchgeschaltet sein. Daher sind sie für Anwendungen, in denen der durchgeschaltete Zustand sicherheitskritisch ist, nur in Verbindung mit zusätzlichen Absicherungsmaßnahmen einsetzbar. Im Gegensatz dazu sind Relais im Fehlerfall meist nicht durchgeschaltet. Für sicherheitsrelevante Anwendungen kommen daher weiterhin häufig Relais oder eine Kombination aus Relais und SSRs oder MOSFETs zum Einsatz. Ansonsten überwiegt der Einsatz von SSRs und MOSFETs.

2.5.3. Transceiver und System-Basis-Chips

Steuergeräte sind über Transceiver an das Übertragungsmedium angeschlossen. In der FlexRay-Spezifikation wird dieses Bauteil auch als *Bustreiber*, im Falle von Ethernet als *PHY* bezeichnet. Der Transceiver wandelt zwischen den durch die Bitübertragungsschicht definierten Signalwerten auf der Übertragungsleitung und digitalen Empfangs- bzw. Sendewerten auf Seite des Microcontrollers um.

Wie in Abschnitt 2.3.4 beschrieben, sind heutige Abschaltmechanismen von Steuergeräten fast ausschließlich Transceiver-basiert. Der Transceiver steuert über seinen *Inhibit*-Pin einen Spannungsregler, über den mindestens der Microcontroller und optional weitere Steuergerätekomponenten versorgt werden. Bei gestoppter Buskommunikation schaltet der μC den Transceiver über separate Pins in den Schlafmodus. In diesem Zustand wird der Inhibit-Pin hochohmig geschaltet, der Spannungsregler wird deaktiviert. Erkennt der Transceiver ein Weckereignis, wird der Inhibit-Pin auf V_{dd} gesetzt und der μC wird bestromt, das Steuergerät ist damit wieder aktiv. Abbildung 2.10 zeigt den Aufbau eines Steuergerätes, das auf diesen Mechanismus ausgelegt ist.

Als Alternative zu separaten Transceivern kommen für CAN und LIN häufig *System-Basis-Chips* (SBCs) zum Einsatz. SBCs integrieren Transceiver mit weiteren häufig verwendeten Steuergerätekomponenten, wie z. B. Spannungsreglern und externen Watchdogs, in einem Bauteil. Durch die Integration sinken die Fertigungskosten und die benötigte Leiterplattenfläche. Im Vergleich zu regulären Transceivern enthalten SBCs zudem oftmals erweiterte Fehlererkennungsmechanismen, wie beispielsweise eine Kurzschluss-Detektion für Busleitungen.

2.5.4. Microcontroller

Die für die Regelung und Ausführung von Fahrzeugsystemen benötigte Berechnung, Datenerfassung und -verarbeitung erfolgt typischerweise durch einen Microcontroller. Ein Microcontroller enthält üblicherweise mindestens eine Recheneinheit (CPU),

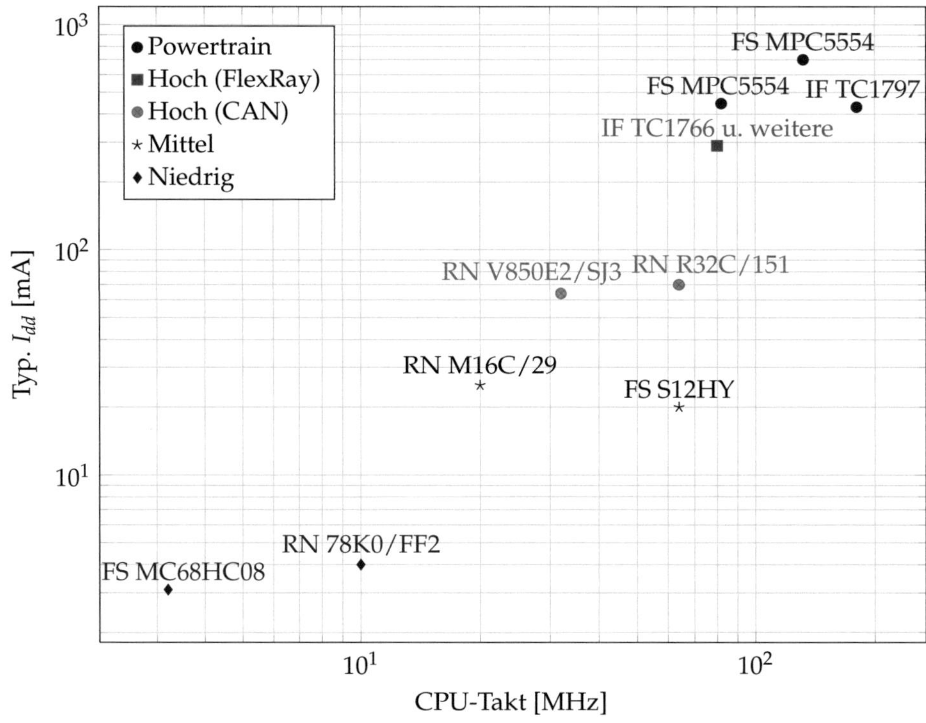

Abbildung 2.14.: Typischer Stromverbrauch und Systemtakt von Automotive-Microcontrollern von Freescale (FS), Infineon (IF) und Renesas (RN), aufgeteilt nach üblichen Anwendungsgebieten.

einen internen RAM und Flash-Speicher, *Input/Output*-Schnittstellen (I/O-Schnittstellen), einen Interrupt-Controller und eine Taktversorgung. Zudem sind meist Analog/Digital-Wandler (A/D-Wandler), konfigurierbare Timer sowie Kommunikationskontroller für gängige Bussysteme wie CAN und FlexRay integriert.

In Abhängigkeit des Rechenbedarfes der ausgeführten Anwendung kommen unterschiedliche Leistungsklassen zum Einsatz. Auf Basis der in dieser Arbeit analysierten E/E-Architekturen wird zwischen Microcontrollern für Powertrainanwendungen sowie den allgemeinen Leistungsstufen „hoch (FlexRay)", „hoch (CAN)", „mittel" und „niedrig" unterschieden. In Abbildung 2.14 ist der typische Stromverbrauch und Systemtakt von für die einzelnen Leistungsklassen üblichen Microcontrollern dargestellt. Die Werte basieren auf Datenblättern von Microcontrollern der Firmen Freescale, Renesas und Infineon.

Im Fokus des in dieser Arbeit beschriebenen Hardwarekonzeptes liegen FlexRayvernetzte Steuergeräte, welche üblicherweise 32-Bit Microcontroller mit hohen Taktraten verwenden. Die Stromaufnahme solcher Controller liegt typischerweise zwischen 200 mA–400 mA.

Leistungsklasse	Anwendungsgebiete	Allg. I_{dd} [mA]
Powertrain	Motor- und Getriebesteuerung, Fahrerassistenzsysteme	400
Hoch (FlexRay)	Gateway, ESP, Fahrwerksysteme	300
Hoch (CAN)	Innenraum- u. Komfortsysteme	70
Mittel	Lichtsteuerung, Tür- und Sitzsteuerung	20
Niedrig	LIN-Knoten (intelligente Sensoren, Aktoren)	4

Tabelle 2.1.: Verallgemeinerte Microcontroller-Leistungsklassen.

Die Leistungswerte schwanken je nach Fokus des jeweiligen Microcontrollers deutlich. Für die in Abschnitt 3.5.2 beschriebene Modellrechnung werden daher die in Tabelle 2.1 aufgeführten verallgemeinerten Stromaufnahmen I_{dd} der unterschiedlichen Leistungsklassen angenommen.

2.5.5. Energieeffizienz der CMOS-Halbleitertechnologie

Mit Ausnahme von analogen Schaltungsanteilen sind heutige Halbleiter in der *Complementary Metal Oxide Semiconductor* (CMOS) Technologie gefertigt. Logische Grundfunktionen, wie z. B. eine Inverter- oder Und-Schaltung, werden dabei durch geeignete Verschaltung von *Metal Oxide Semiconductor Field Effect Transistors* (MOSFETs) implementiert.

Zielvorgabe an das Design einer CMOS-Schaltung ist typischerweise eine maximale Systemfrequenz f_{SysMax}. Durch den Fertigungsprozess beeinflussbar ist die Dotierung der Transistoren, aus der sich die *Treshold-* oder Schaltspannung U_{Th} bestimmt. Die Versorgungsspannung U_{dd} der Schaltung und die Strukturbreiten, insbesondere die Gatelänge und -breite von MOSFETs, aus der sich der maximale Stromfluss durch den Transistor ergibt, sind gewöhnlich vorgegeben oder aufgrund der verwendeten Prozesstechnologie nur beschränkt beeinflussbar.

Durch die maximale Taktfrequenz einer Schaltung ergeben sich die einzuhaltenden Umschaltzeiten, d. h. die maximal zulässige Anstiegs- und Abfallzeit bei Flankenwechseln am Transistorausgang. Diese ergeben sich wiederum in Abhängigkeit von U_{dd}, U_{Th} und der zu treibenden Kapazität am Ausgang des Transistors. U_{dd} und die Kapazität ist primär durch das Design vorgegeben. Sie sind damit nur bedingt beeinflussbar. U_{Th} kann jedoch durch den Fertigungsprozessparameter der Dotierung bestimmt werden. Schnelle Umschaltzeiten, d. h. hohe Taktraten erfordern damit im Allgemeinen eine hohe Dotierung.

Der Leistungsverbrauch einer CMOS-Schaltung teilt sich auf einen dynamischen und einen statischen Anteil auf. Der dynamische Anteil $P_{Dynamisch}$ ergibt sich aus der Versorgungsspannung U_{dd}, der Anzahl von Transistoren A, der Häufigkeit von Schaltvorgänge n der Transistoren und der während eines Schaltvorgangs umzuladenden Kapazität C am Ausgang der Transistoren. Für $n = 1$ findet bei jedem Takt ein Schaltvorgang statt, für $n = 0$ ergibt sich keine Zustandsänderung. C wird durch die Leitungslänge und die Eingangskapazität nachfolgender Gatter bestimmt.

Ein weiterer Anteil der dynamischen Verlustleistung ergibt sich während des Umschaltvorgangs, in dem die Transistoren kurzzeitig im linearen Bereich arbeiten, d. h. nicht vollständig leiten oder sperren. Da dieser transiente Anteil im Vergleich zu der durch Umladung der Schaltungskapazitäten benötigten Leistung sehr gering ist, wird dieser bei der Näherung von $P_{Dynamisch}$ nach Gleichung 2.1 nicht berücksichtigt:

$$P_{Dynamisch} \quad = \quad \frac{C \cdot U_{dd}^2}{2} \cdot nA \cdot f_{SysMax} \qquad (2.1)$$

Ein offensichtlicher Ansatz zur Reduktion von $P_{Dynamisch}$ ist die Absenkung der Versorgungsspannung. Da sich die maximale Taktfrequenz aber in Abhängigkeit von U_{dd} bestimmt, ist hier durch Designvorgaben eine untere Grenzen gesetzt: eine Halbierung der Versorgungsspannung führt nach [KAB$^+$03] zu einer Reduktion der maximal erreichbaren Taktrate auf $0,3 \cdot f_{SysMax}$.

Unter der statischen Leistung $P_{Statisch}$ wird die vom Takt unabhängige Leistungsaufnahme verstanden. $P_{Statisch}$ ergibt sich aus dem Leckstrom I_{Leck} der Schaltung zu:

$$P_{Statisch} \quad = \quad U_{dd} \cdot I_{Leck} \qquad (2.2)$$

Der Leckstrom hängt stark von der Strukturbreite der Fertigungstechnologie und der Dotierung ab und kann für heutige Microcontroller bei maximaler Chiptemperatur einen Anteil von 10%–25% des Gesamtverbrauchs ausmachen. Eine ausführliche Beschreibung über die Leckströmen betreffenden Herausforderungen und verantwortliche Effekte findet man in [KAB$^+$03].

Im Allgemeinen erhöhen insbesondere eine hohe Dotierung des Halbleiters und eine hohe Umgebungstemperatur den Leckstrom. Die Temperatur ist durch den Anwendungsbereich bestimmt, die Dotierung ist abhängig von der maximal zu erreichenden Taktrate eines Moduls. Als Richtwert kann angenommen werden, dass eine Erhöhung der maximalen Taktfrequenz um 60% zu einer Steigerung des Leckstromes von 100% führt.

Die Leckströme steigen zudem durch die konstant kleiner werdenden Strukturbreiten an. Lt. [Com11] sinken die Strukturbreiten seit 1974 zwischen zwei Prozessschritten, welche einen Abstand von zwei bis drei Jahren haben um ca. 30%. Diese Annahme deckt sich mit den industrieweit gängigen Abstufungen der Prozesstechnologien von 90 nm auf 65 nm, 45 nm und 32 nm der letzten Jahre. Industrieweit wird diskutiert, ob die zunehmende Verkleinerung in den nächsten Jahren mit der gleichen Geschwindigkeit voranschreiten wird.

ASICs im Consumer-Bereich werden mittlerweile bereits mit einer Strukturbreite von 20 nm gefertigt [Chi12]. ASICs im Automotivbereich folgen diesem Trend mit mehreren Jahren Verzögerung, in aktuellen Microcontrollern sind Strukturbreiten bis 65 nm üblich.

Die Beschränkung der statischen Verlustleistung ist industrieweit von großem Interesse und hat die Entwicklung neuer Prozesstechnologien, wie z. B. von dielektrischer *High-k* Gate-Isolatorschichten motiviert.

2.6. Schlaf- und Weckmechanismen heutiger E/E-Architekturen

Bei der Entwicklung von Energiesparmechanismen für E/E-Architekturen lag bisher fast ausschließlich das „inaktive", also ein stehendes, verschlossenes Fahrzeug im Fokus. Im diesem Zustand müssen nur eine minimale Anzahl von Fahrzeugsystemen ausgeführt werden, welche keine Buskommunikation benötigen (z. B. Diebstahlerkennungs- und Zugangsberechtigungssysteme). Da hier das Bordnetz nur aus der Fahrzeugbatterie gespeist wird, ist eine minimale Ruhestromaufnahme wichtig. Dazu müssen alle nicht benötigten Steuergeräte deaktiviert werden.

Historisch sind zur Steuergerätedeaktivierung busunabhängige Technologien entwickelt worden, da der Bedarf nach entsprechenden Mechanismen bereits vor dem Einsatz einer Fahrzeugvernetzung entstand. Da busunabhängige Mechanismen jedoch zusätzliche Verdrahtungsressourcen benötigen, wurden im weiteren Verlauf der Fahrzeugentwicklung zunehmend Technologien verwendet, die auf die existierenden Fahrzeugbusse zurückgreifen.

Bei aktivem Fahrzeug, d. h. insbesondere bei aktiver Buskommunikation, sind hinsichtlich der Stromaufnahme vor allem der Motorstart und Phasen niedriger Batterieladung kritisch. Beim Motorstart wird das Bordnetz durch den Anlasser kurzzeitig sehr stark belastet. In dieser Zeit sollten andere Hauptverbraucher, wie beispielsweise das Innenlicht oder elektrische Heizelemente deaktiviert werden. Weiterhin müssen bei kritischem Batterieladestand nicht dringend benötigte Verbraucher deaktiviert werden, um das Aufladen durch den Generator zu beschleunigen, bzw. um sicherzustellen, dass die Differenz zwischen zugeführter und benötigter Leistung im Bordnetz positiv ist.

Abgesehen von diesen Sonderfällen galt die Leistungsaufnahme im Bordnetz lange Zeit als nicht relevant. Mit Ausnahme von Single-Wire CAN fand daher eine Abschaltung von Knoten bei aktivem Bus bei der Entwicklung von Vernetzungstechnologien keine Berücksichtigung.

Erst in jüngster Zeit wurde die Entwicklung des CAN-Teilnetzbetriebes mit dem Ziel gestartet, vorübergehend nicht benötigte CAN-Knoten bei aktiver Vernetzung abzuschalten. Ein vergleichbarer Mechanismus, für den vergleichbar zu CAN zunehmend allgemein eingesetzten FlexRay, ist nicht verfügbar. Die Identifikation und Absicherung einer entsprechenden Technologie ist Hauptinhalt dieser Arbeit.

In den folgenden zwei Abschnitten werden die heute im Einsatz befindlichen busunabhängigen und busabhängigen Ansätze zur Steuergerätedeaktivierung diskutiert. Eine Vorstellung des CAN-Teilnetzbetriebes erfolgt im nächsten Kapitel.

2.6.1. Busunabhängige Schlafmechanismen

Vor der Verbreitung von Fahrzeugbussen war vor allem die im Folgenden beschriebene Verwendung von Klemmen und Weckleitungen zur Deaktivierung von Steuergeräten üblich. Aufgrund des negativen Einflusses auf Gewicht und Kosten des Leitungssatzes finden beide Mechanismen in heutigen E/E-Architekturen immer weniger Verwendung.

2.6.1.1. Klemmen

Vor der Steuergerätevernetzung im Fahrzeug wurde die Abschaltung von Steuergeräten über eine gesteuerte Spannungsversorgung vorgenommen. Die unterschiedlichen Versorgungspole (*Klemmen*) sind für Kraftfahrzeuge mit eindeutigen, nach der DIN72552 genormten Klemmenbezeichnungen versehen.

Klemme 15 ist beispielsweise nur bei aktiver Zündung bestromt, Klemme 30 ist dauerbestromt. Damit können Steuergeräte, die nur bei aktivem Fahrzeug benötigt werden, durch eine passende Anbindung bei inaktivem Fahrzeug deaktiviert werden.

Klemmen erlauben nur eine sehr grobe Einteilung der Leistungsversorgung in Abhängigkeit des Fahrzeugzustandes. Zusätzlich erhöht eine durch Klemmen gesteuerte Abschaltung den Verkabelungsaufwand. Soll ein Steuergerät in Abhängigkeit verschiedener bestromter Klemmen aktiv sein, erhöht sich zudem die Anzahl der für die Spannungsversorgung benötigten Komponenten.

Bei einer steigenden Anzahl von Steuergeräten beeinflusst die Verwendung physikalischer Klemmen das Gewicht des Leitungssatzes und die Produktionskosten stark negativ. Daher werden in den letzten Fahrzeuggenerationen zunehmend „virtuelle" Klemmen verwendet: die Steuergeräte sind hier dauerversorgt, der aktuelle Klemmenstatus wird über das Fahrzeugnetzwerk verteilt. Die Abschaltung von Leistungskomponenten, wie z. B. Beleuchtungselementen oder Lüftungsmotoren, wird, abhängig vom virtuellen Klemmenstatus, lokal von der Steuergerätesoftware durchgeführt.

2.6.1.2. Weckleitungen

Neben Klemmen haben sich zusätzlich *Weckleitungen* etabliert. Hier steuert ein Master-Steuergerät über diskrete Leitungen die Spannungsversorgung angeschlossener Steuergeräte und entscheidet, wann diese nicht benötigt werden.

Im Vergleich zu einer Abschaltung über Klemmen, ist für die Verwendung von Weckleitungen keine für hohe Ströme ausgelegte Steuerleitung nötig. Die Spannungsversorgung des abzuschaltenden Knoten muss jedoch an die externe Steuerung angepasst werden. Die Verwendung von Weckleitungen erhöht zusätzlich die Komplexität des Systemdesigns, da der Master auch die funktionalen Anforderungen der kontrollierten Steuergeräte kennen muss. Ändern sich die Anforderungen, da z. B. Funktionen eines Steuergerätes verschoben oder auf einem Steuergerät zusammengefasst werden, muss auch die Master-Komponenten angepasst werden. Insbesondere bei räumlich stark verteilten Knoten erfordert dieser Ansatz zudem zusätzlichen Verkabelungsaufwand.

2.6.2. Vernetzungsbasierte Schlafmechanismen

Busunabhängige Ansätze erlauben nur eine unflexible Adaption an das Ziel einer bedarfsorientierten Abschaltung von Steuergeräten und erhöhen aufgrund der zusätzlich benötigten Verkabelung Fahrzeuggewicht und Produktionskosten. Moderne Fahrzeugarchitekturen verwenden daher überwiegend vernetzungsbasierte Schlafmechanismen. Diese benötigen, abgesehen von den bereits existierenden Busleitungen, keine zusätzlichen Verdrahtungsressourcen.

2.6.2.1. Transceiver-basierte Abschaltung von Steuergeräten

Wie in Abschnitt 2.5.3 erläutert, können sich Steuergeräte üblicherweise über ihre Transceiver abschalten.

Über ein verteiltes Netzwerkmanagement wird busweit bestimmt, ob Buskommunikation notwendig ist. Wird keine Kommunikation benötigt, stellen alle Knoten ihren Sendebetrieb ein. Ist kein lokaler Betrieb eines Knotens notwendig, z. B. zur Nachlaufsteuerung eines Lüfters, schaltet die auf dem Microcontroller ausgeführte Software die Zustandsmaschine des Transceiver anschließend in einen Schlafzustand. Der Transceiver deaktiviert seinen *Inhibit*-Pin, welcher die Spannungsversorgung des Steuergerätes steuert und geht in einen energiesparenden Zustand über, in dem sein Ruhestrom typischerweise unter 0,5 mA liegt.

Für CAN wird der Schlafzustand des Transceivers bei jeglicher Busaktivität unterbrochen. Der Transceiver aktiviert seinen Inhibit-Pin, das Steuergerät wird wieder bestromt. Das Weckereignis wird vom Transceiver über einen Flankenwechsel an definierten Pins angezeigt.

Die FlexRay-Spezifikation definiert ein spezielles Wakeup-Pattern (vgl. Abschnitt 2.3.3.5), durch dessen Versendung ein busweites Aufwachen aller angebundener Knoten erzwungen werden kann. Prinzipiell könnte dieser Mechanismus, vergleichbar zum Teilnetzbetrieb von Single-Wire CAN, für ein Cluster- oder Knoten-selektives Schlafen verwendet werden: wird ein Knoten nicht benötigt, meldet er seinen bevorstehenden Schlafzustand und schaltet sich über seinen Transceiver ab. Wird der

Knoten aufgrund des aktuellen Fahrzeugzustandes wieder benötigt, kann ein aktiver Knoten schlafende Teilnehmer durch Versendung des Wakeup-Patterns wecken und direkt im Anschluss den Weckgrund melden. Nicht benötigte Knoten könnten so zwischen Weckevents in einen energiesparenden Zustand wechseln.

Die FlexRay-Spezifikation verbietet jedoch nicht explizit eine fehlerhafte Detektion des Patterns in regulärem Busverkehr durch den Bustreiber, welche zu einem Fehlwecken führt. Um die Eignung des Patterns zu überprüfen, wurde daher die im nächsten Abschnitt beschriebene, experimentelle Ermittlung der Häufigkeit von Fehlweckungen durchgeführt. Dabei zeigt sich, dass die Fehlweckrate sehr hoch ist.

2.6.2.2. Experimentelle Evaluierung des FlexRay Wakeup-Patterns

Um zu testen, ob der existierende Weckmechanismus von FlexRay für ein selektives Schlafen von Steuergeräten geeignet ist, wurde im Rahmen dieser Arbeit die Fehlweckrate von FlexRay-Bustreibern während regulärer Kommunikation ermittelt.

Als Datenbasis dient der über einen Zeitraum von vier Stunden aufgezeichnete Datenverkehr eines fahrenden Fahrzeuges. Für den Test der Fehlweckrate, wird der aufgenommene Datenverkehr über das Netzwerkanalyse und -simulationswerkzeug *Vector CANoe* der Vector Informatik GmbH [Vec] abgespielt. CANoe läuft auf einem herkömmlichen PC, welcher über ein USB-FlexRay-Interface mit dem Testaufbau verbunden ist.

Das USB-FlexRay-Interface ist mit zwei NXP TJA1080 Bustreibern (Bustreiber A und B) verbunden, welche von einem Altera Stratix III FPGA angesteuert werden. Der Testablauf gliedert sich wie folgt: eine auf einer Softcore CPU ausgeführte Testsoftware versetzt Bustreiber A in einen Schlafzustand, Bustreiber B ist immer aktiv. Solange Bustreiber A schläft, zählt ein an Bustreiber B angeschlossenes Capture-Modul die Anzahl der empfangenen Frames. Wacht Bustreiber A auf, wird die Anzahl der empfangenen Frames ausgelesen, zwischengespeichert und Bustreiber A wird wieder in den Schlafzustand versetzt. Nach drei zusammenhängenden Abspielvorgängen des aufgezeichneten Datenverkehrs, wird die Messung beendet.

Die Verteilung der Anzahl empfangener Frames bis zum Auftreten eines Weckereignisses ist in Abbildung 2.15 dargestellt. Im Durchschnitt trat alle 2,78 Frames ein Weckereignis auf, maximal wurden 29 Frames empfangen. Die resultierende durchschnittliche Dauer zwischen zwei Weckevents liegt damit deutlich unter 600 us.

Der Test wurde unter Verwendung regulärer Steuergerätehardware für die Bustreiber TJA1080 von NXP und AS8221 von austriamicrosystems wiederholt. Da ohne zweiten Bustreiber keine Möglichkeit besteht, die Anzahl der empfangenen Frames während des Schlafzustandes mitzuzählen, wurde die Anzahl von Weckvorgängen über die gesamte Testdauer ermittelt.

Für den NXP Bustreiber ergibt sich durchschnittlich alle 7,2 Frames ein Weckereignis, der AS8221 wacht alle 7,8 Frames auf. Da hier auch die für die Behandlung des Weckereignisses und zum Umschalten des Bustreibers in den Schlafzustand benötigte

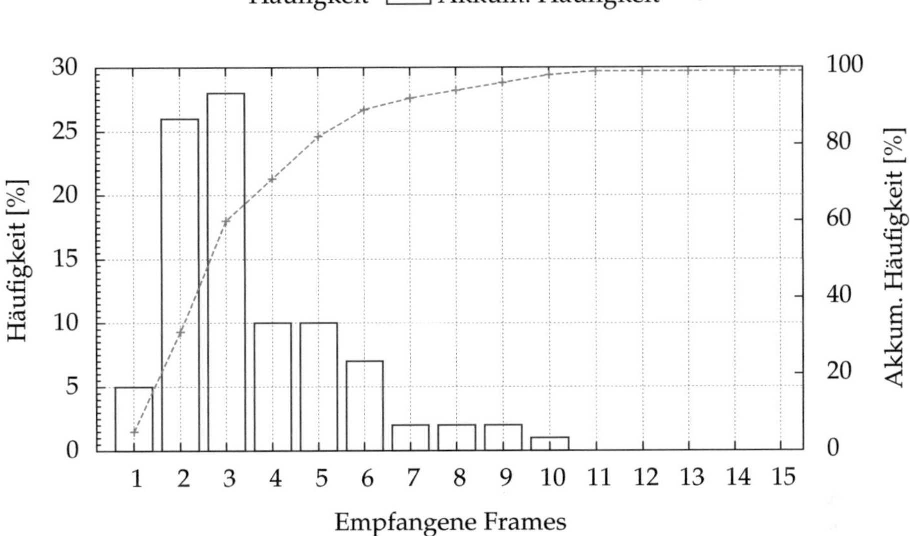

Abbildung 2.15.: Verteilung der Anzahl empfangener FlexRay-Frames, bis zur Auslösung eines Weckevents durch ein in regulärem Busverkehr fehlerkannten Wakeup-Pattern.

Zeit mit eingerechnet wird, ergeben sich im Vergleich zur reinen Fehlweckrate höhere Werte. Insgesamt bestätigen die Ergebnisse aber die durch die FPGA-Messung ermittelte hohe Fehlweckrate.

Zusammenfassend ergibt sich für den Bustreiber-basierten Weckmechanismus von FlexRay eine sehr hohe Wahrscheinlichkeit für Fehlweckungen durch regulären Busverkehr. Damit kann der bestehende FlexRay-Weckmechanismus nicht vergleichbar zum Weckmechanismus von Single-Wire CAN genutzt werden und ist damit nicht für eine bedarfsabhängige Abschaltung von Steuergeräten geeignet.

Da CAN-Transceiver bei jeglicher Busaktivität wecken und FlexRay-Bustreibern das Wakeup-Pattern häufig in regulären Nachrichten fehlerkennen, sind heute damit bei aktivem CAN- und FlexRay-Bus stets alle Steuergeräte wach.

2.7. AUTOSAR

Innovationen in der Automobiltechnik werden seit den 90er-Jahren zunehmend durch E/E-Anteile ermöglicht [WR06]. Während anfangs eine solitäre Entwicklung einzelner Steuergeräte ausreichend war, gewann durch die zunehmend komplexer werdenden E/E-Architekturen, eine strukturierte Entwicklung auf Systemebene sowie

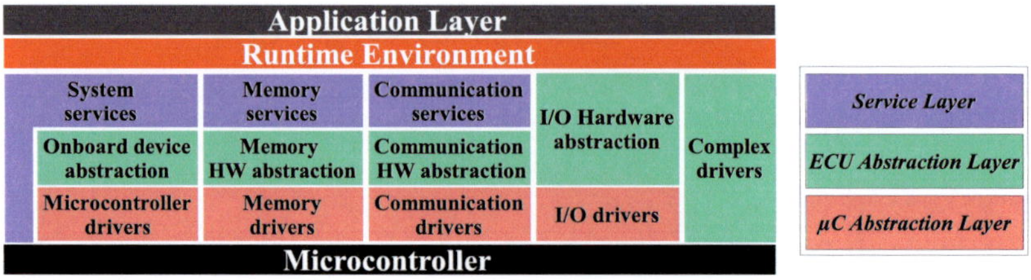

Abbildung 2.16.: Architektur des AUTOSAR-Stacks: die RTE bietet der Applikations-software ein standardisiertes Interface zu der in 3 Schichten aufgeteilten Basissoftware [AUT11a, p. 20].

die Vereinheitlichung von Softwaremechanismen und -infrastrukturen an Bedeutung. Vor diesem Hintergrund wurde 2003 von Automobilherstellern und Zulieferern das *AUTomotive Open System ARchitecture*-Konsortium (AUTOSAR) gegründet. Mittlerweile sind auch zahlreiche Halbleiter- und Softwarelieferanten Mitglied des Konsortiums.

Eine Übersicht über die Historie und den gesetzten und erreichten Zielen von AUTOSAR geben [H+04, H+06, FMB+09]. Ausführliche Beschreibungen über AUTOSAR selbst kann man direkt den AUTOSAR-Spezifikationen [AUT03] oder separater Literatur wie [ZS08] entnehmen.

2.7.1. AUTOSAR-Architektur

Eines der Hauptziele des AUTOSAR-Konsortiums ist die Standardisierung einer für eingebettete Systeme geeigneten Softwarearchitektur sowie die Erarbeitung von Entwicklungsmethodologien, die eine komponentenorientierte, von der genauen Implementierung der Hardware und Buskommunikation unabhängige Entwicklung ermöglichen.

Die resultierende Schichtenarchitektur ist in Abbildung 2.16 dargestellt. Teilkomponenten einer Fahrzeugfunktion sind in der Applikationsschicht in *Software Components* (SW-Cs) gekapselt [AUT11b]. Die Entwicklung der SW-Cs erfolgt losgelöst von der verwendeten Hardware, die von der *Basic Software* (BSW) abstrahiert wird. Die BSW übernimmt zudem einen Großteil der kommunikationsrelevanten Aufgaben und bietet eine Reihe von Diensten, z. B. zur Diagnose und Bibliotheken, beispielsweise zur persistenten Datenspeicherung in Flash-Speichern, an. Die *Runtime Environment* (RTE) dient als standardisierte Schnittstelle zwischen BSW und SW-Cs. Die Beschreibung einer SW-C definiert die erforderlichen Kommunikationsschnittstellen. Die Kommunikation zwischen SW-Cs sowie zwischen SW-Cs und Diensten der BSW erfolgt über gerichtete Punkt-zu-Punkt Verbindungen. Die Verbindungspunkte, im Folgenden als *Ports* bezeichnet, werden logisch gesehen über einen abstrakten *Virtual Functional Bus* (VFB) miteinander verbunden. Damit ist es für SW-Cs unerheblich, ob sich der Ziel-Port auf dem gleichen Steuergerät befindet oder die Datenübertragung über einen Kommunikationsbus erfolgt. Das Routing von Signalen zwischen Ports erfolgt durch die RTE. Die Abhängigkeiten zwischen Ports werden anhand einer globalen Systembeschreibung zur Generierzeit des Systems aufgelöst.

Die Spezifikation und Entwicklung von SW-Cs und die Abstraktion der Kommunikation bieten interessante Ansätze für die Anpassung bestehender sowie der Entwicklung neuer Werkzeugketten [VF10], Testmethoden [KBR09] und der Adaption von modellbasierten Entwicklungsansätzen [RJV09] auf AUTOSAR. Ansätze zur Portierung bestehender Software, die für eine proprietäre Plattform entwickelt wurde, werden in [KPLJ08] diskutiert.

2.7.2. Entwicklungsmodell

Die RTE und BSW-Module werden zum Großteil automatisiert auf Basis einer Steuergerätekonfiguration, dem *ECU-Extrakt*, generiert. Das dem ECU-Extract zugrundeliegende Metamodell ist durch AUTOSAR-Spezifikationen vorgegeben. Die jeweilige Spezifikation der einzelnen BSW-Module definiert dazu vom Modul verwendete, möglichst hardwareunabhängige Konfigurationsparameter.

Die Konfiguration der FlexRay-Module gibt also beispielsweise vor, welche Frames gesendet und empfangen werden. Die vom FlexRay-CC abhängige Codegenerierung erfolgt auf Basis der Konfiguration durch geeignete Generatoren, welche beispielsweise vom Microcontroller-Hersteller bereitgestellt werden.

Die AUTOSAR-Entwicklungsmethodologie sieht vier Schritte auf dem Weg zur vollständigen Konfiguration eines Steuergerätes vor. Im Allgemeinen beschreibt der OEM als erstes das vollständige Kommunikationsverhalten sowie das Mapping aller SW-Cs auf einzelne Steuergeräte. Die resultierende Konfiguration des kompletten Systems wird als *Systembeschreibung* bezeichnet. In einem zweiten Schritt werden alle für ein Steuergerät benötigten Daten aus der Systembeschreibung extrahiert. Der resultierende ECU-Extrakt enthält u. a. die Beschreibung der auf dem Steuergerät ausgeführten SW-Cs sowie deren vollständige Kommunikationsbeziehungen. Dazu gehören alle gesendeten und empfangenen Signale, deren *Default-* und *Signal Not Available* (SNA)-Werte, die Sendezyklus- und Timeout-Zeiten und das Mapping der Signale auf die Payload eines oder mehrerer Zielframes.

Der Default-Wert gibt den zur Initialisierung eines Signals verwendeten Wert vor. Kann eine Applikation keinen gültigen Signalwert bereitstellen, beispielsweise aufgrund eines defekten Sensors, wird der SNA-Wert versendet. Empfänger des Signals dürfen den Signalwert dann nicht verwenden.

Im dritten Schritt wird der ECU-Extrakt typischerweise durch einen Zulieferer um Steuergeräte-spezifische Konfigurationsinhalte vervollständigt. Dazu gehört beispielsweise die Konfiguration von Timer-Modulen, I/O-Ports und des *Microcontroller Abstraction Layers* (MCALs).

Auf Basis des vollständigen ECU-Extrakts wird im vierten und abschließenden Schritt toolgestützt die ausführbare Steuergerätesoftware generiert. Zudem werden die applikationsspezifischen Inhalte der SW-Cs integriert. Das resultierende *Executable* kann dann beispielsweise in ein externes oder Microcontroller-internes Flash geschrieben werden.

Für das in Kapitel 4 vorgestellte Hardwarekonzept ist vor allem die Konfiguration der Sende- und Empfangssignale relevant. Aus ihr kann u. a. die Signallänge, die Position des Signals im Frame und die Zyklus- bzw. Timeout-Zeit ermittelt werden.

2.7.3. Behandlung von Weckereignissen

AUTOSAR vereinheitlicht die Behandlung von durch Weckquellen gemeldeten Ereignissen, die zum Start eines schlafenden Steuergerätes führen. Sämtliche Weckquellen eines Steuergerätes müssen zur Designzeit definiert werden, eine Überprüfung von zusätzlichen Quellen zur Laufzeit ist nicht möglich.

Bei Auftreten eines Weckereignisses wird in der zugehörigen *Interrupt Service Routine* (ISR) die Überprüfung der Weckquellen durch den *ECU State Manager* (EcuM) angestoßen. Der EcuM ruft dazu für alle Weckquellen sequentiell eine der Quelle zugeordnete Validierungsfunktion auf. Die typischerweise durch den Integrator implementierte Funktion prüft, ob ein gültiges Weckereignis vorliegt. Im positiven Fall wird der EcuM über die Weckquelle informiert, nach abgeschlossener Überprüfung wird der Stack initialisiert, d. h. das Steuergerät startet.

Nachdem der Stack initialisiert wurde, setzt der EcuM alle Weckquellen über eine weitere, durch den Integrator auszulegende Funktion zurück. Die Behandlung des Weckereignisses ist damit aus Hardwaresicht abgeschlossen. Zur Beschleunigung der Kommunikationsbereitschaft fordert der EcuM für einem Kommunikationskanal zugeordneten Weckquellen (z. B. Transceivern) zudem einen sofortigen Übergang des zugeordneten Kanals in den Kommunikationszustand **FULL COMMUNICATION** an (vgl. Abschnitt 2.7.5). Wurde keine gültige Weckquelle gefunden, deaktiviert der EcuM das Steuergerät wieder, der Stack wird nicht gestartet.

Durch den zweistufigen Validierungsprozess haben ungültige Weckereignisse keinen Einfluss auf das Fahrzeugnetzwerk. Weckt beispielsweise ein Transceiver aufgrund eines Störeinflusses ein schlafendes Steuergerät, kann zuerst überprüft werden, ob der Bus tatsächlich aktiv ist, bevor das Steuergerät vollständig initialisiert und Buskommunikation aufgenommen wird.

2.7.4. Basic Software Mode Manager

Der *Basic Software Mode Manager* (BswM) ist ein BSW-Modul, welches zur Verwaltung von beliebigen Zuständen dient. Andere Module, insbesondere SW-Cs, können zur Systemdesignzeit bestimmte *Modes* anfordern. Der BswM arbitriert Mode-Requests

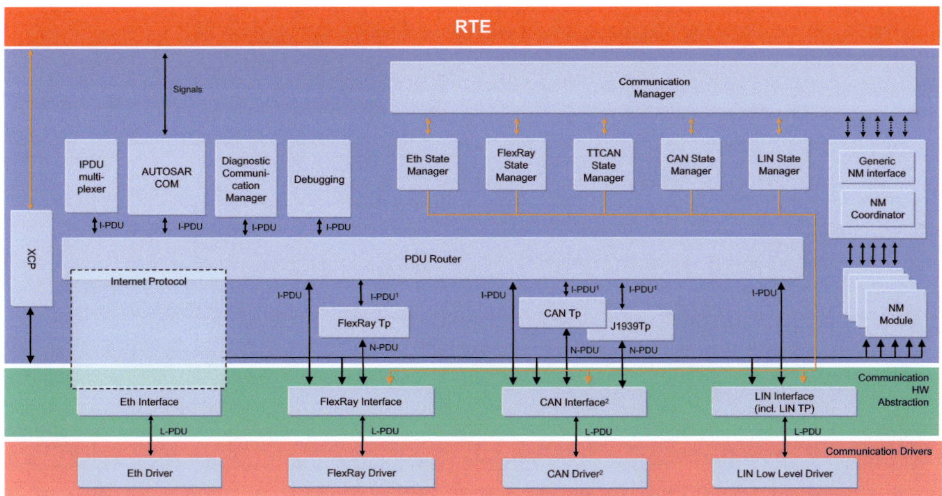

Abbildung 2.17.: Architektur des AUTOSAR-Kommunikationsstacks [AUT11a].

anhand von ebenfalls zur Systemdesignzeit konfigurierten Regeln (vgl. [AUT11c]). In Abhängigkeit des Arbitrierungsergebnisses führt der BswM eine definierte *Action List* aus. Eine Action List ist eine sequentielle Abfolge, von durch die Konfiguration bestimmten Funktionen.

Der BswM stellt damit ein zentrales BSW-Modul dar, welches zur Verwaltung und Bestimmung von implementierungsabhängigen, nicht in der BSW standardisierten Steuergerätezuständen verwendet werden kann. Die Zustände werden auf Basis eingehender Mode-Requests bestimmt. Anfordernde Funktionen müssen sich nicht gegenseitig abstimmen, dies reduziert den Implementierungsaufwand deutlich.

2.7.5. AUTOSAR-Kommunikationsschicht

Die für die Buskommunikation notwendigen Anteile des AUTOSAR-Stacks sind, wie in Abbildung 2.17 gezeigt, in Form einer Schichtenarchitektur aufgeteilt. In den unteren Ebenen sind die Module nach Bussystemen getrennt.

Wie bereits erläutert, müssen alle Knoten im Fahrzeug ihren Sendebetrieb aufrechterhalten, solange andere Teilnehmer Kommunikation benötigen. Bleiben Nachrichten aus, wird dies als Fehlerfall gewertet. Die Bestimmung des Kommunikationsbedarfs erfordert eine verteilte, möglichst dezentrale Steuerung. Hierzu spezifiziert AUTOSAR das im nächsten Abschnitt beschriebene Netzwerkmanagement. Da das in Kapitel 4 vorgestellte Konzept speziell für FlexRay entwickelt wurde, werden im Anschluss insbesondere die FlexRay-relevanten BSW-Module beschrieben. Für die restlichen Bussysteme wird auf die ausführlichen, öffentlich verfügbaren AUTOSAR-

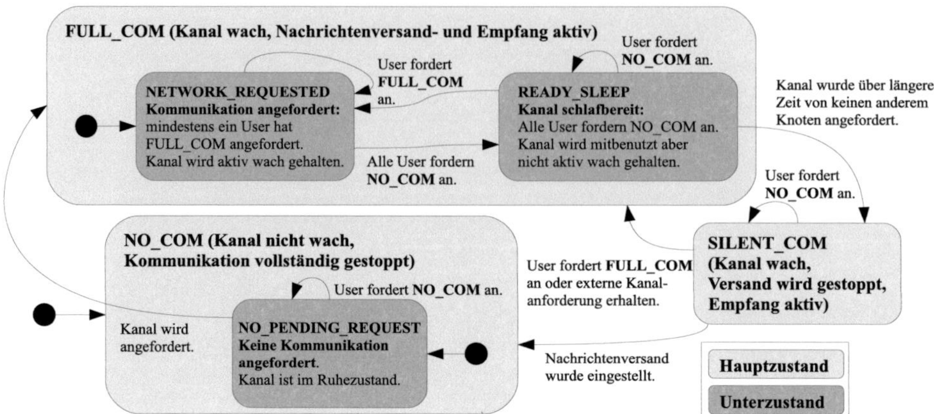

Abbildung 2.18.: Vereinfachte Darstellung der Zustandsmaschine des AUTOSAR Communication Managers für einen Kanal (vgl. [AUT11d]). SW-Cs fordern über User die Zustände **FULL COMMUNICATION** oder **NO COMMUNICATION** an. Durch Senden der NM-Botschaft können Knoten eine externe Kanal-Anforderung stellen.

Spezifikationen verwiesen. Die Steuerung der Buskommunikation, die Zuordnung von Signalen zu Zielpositionen in den Nutzdaten von Sendeframes sowie die zyklische Versendung und Timeout-Überwachung von Signalen erfolgt durch das abschließend erläuterte COM-Modul.

2.7.5.1. Netzwerkmanagement

In AUTOSAR steuert ein verteilter, dezentral arbeitender *Netzwerkmanagement*-Algorithmus den Kommunikationszustand der an einem Bus angeschlossenen Knoten. Dabei bestimmt jeder Knoten selbständig, ob er Kommunikation benötigt oder ob er die Kommunikation aufgrund der Anforderungen anderer Teilnehmer aufrechterhalten muss.

Die Verwaltung und Bestimmung des aktuellen Zustandes der Kommunikationskanäle eines Knotens übernimmt der *Communication Manager* (ComM). Der ComM arbeitet kanalbasiert: die Bestimmung des Kommunikationszustandes wird auf Basis lokal eingehender, an *User-Handles* geknüpfter Kommunikationsbedarfsanforderungen für jeden Kanal getrennt ausgeführt. Ein User ist in der BSW statisch einem oder mehreren Kommunikationskanälen zugeordnet. Als Kanal wird dabei jeweils ein an das Steuergerät angebundener Bus bezeichnet.

SW-Cs können über zugewiesene User die Kommunikationsmodi **NO COMMUNICATION** (SW-C benötigt für den User keine Kommunikation; im Folgenden kurz **NO_COM**) oder **FULL COMMUNICATION** (SW-C benötigt Kommunikation; im

Folgenden kurz **FULL_COM**) beim ComM anfordern. Die RTE löst die Kanalbeziehungen der User auf. Damit wird die genaue Busanbindung des Steuergerätes gegenüber den SW-Cs abstrahiert, d. h. diese können allgemein ihren Kommunikationsbedarf melden, ohne die genaue Kanalaufteilung zu kennen.

Zur Bestimmung des Kanalzustandes werden die Anforderungen nach dem in Abbildung 2.18 gezeigten vereinfachten Zustandsdiagramm des ComM ausgewertet. Die vollständige Version findet man in [AUT11d, p. 54].

Solange für einen Kanal mindestens ein User Kommunikation anfordert, befindet sich der Kanal im Unterzustand **NETWORK_REQUESTED**. Der Kanal wird aktiv wach gehalten, indem zyklisch *Netzwerkmanagment-Nachrichten* (NM-Nachrichten) verschickt werden, die u. a. den Weck- bzw. Wachhaltegrund enthalten. Wenn keine lokale Anforderung vorliegt, wird der Kanal zuerst in den Unterzustand **READY_-SLEEP** geschaltet. Solange mindestens ein anderer Busteilnehmer NM-Nachrichten verschickt, bleibt der Kanal in diesem Zustand, die Kommunikation muss aufrechterhalten werden. Wenn keine NM-Nachrichten mehr empfangen werden, wird der Kanal nach einer zur Systemdesignzeit konfigurierbaren Dauer abgeschaltet (**NO_-COM**).

Dieser dezentrale Ansatz bietet zwei Hauptvorteile gegenüber eines zentral koordinierten Mechanismus, in dem ein oder mehrere Knoten auf Basis des Fahrzeugzustandes den Bus freigeben bzw. sperren: einerseits entfällt eine funktionale Abhängigkeit zwischen Master-Knoten und den restlichen Teilnehmern, da jeder Knoten eigenständig seinen Kommunikationsbedarf auswerten und melden kann. Zusätzlich bleibt das Netzwerkmanagement auch beim Ausfall von Knoten funktionstüchtig.

2.7.5.2. FlexRay-relevante BSW-Module

Die Abbildung der busspezifischen Implementierung des Netzwerkmanagements übernimmt das *FlexRay Network Management (FrNm)*. Wird der Bus aktiv wachgehalten, werden durch das FrNM-Modul selbständig NM-Nachrichten versendet. Umgekehrt überwacht das FrNm eingehende NM-Nachrichten. Werden für eine konfigurierbare Zeit keine NM-Nachrichten empfangen, meldet das FrNm die Schlafbereitschaft des Busses an den ComM.

Ergibt sich eine Zustandsänderung des durch den ComM bestimmten Kanalzustandes, wird dieser gemäß der Schichtenarchitektur am darunterliegenden busspezifischen State Manager angefordert.

Im Falle von FlexRay ist dies der *FlexRay State Manager* (FrSm). Dieser ermittelt anhand des gemeldeten Kanalzustandes den Zielzustand des FlexRay CCs. Ist der Bus beispielsweise nicht aktiv und es wird Kommunikation angefordert, initiiert der FrSm ein Buswecken. Befindet sich der CC in einem Fehlerzustand, versucht der FrSm den Kommunikationskontroller wieder in den normalen Betrieb zu versetzen. Soll der Kanal gestoppt werden, führt der FrSm den CC geordnet in einen HALT-Modus.

Der Zielzustand des CC wird durch den FrSm beim *FlexRay Interface* (FrIf) angefordert. Das FrIf enthält für die Konfiguration und CC-Steuerung benötigten Funktionen inklusive der benötigten Bedatung. Das FrIf hat jedoch noch keine genauen Hardwarekenntnisse. Diese werden abschließend durch den *FlexRay Treiber* (Fr) abstrahiert.

2.7.5.3. COM-Modul

Das *Communication-Modul* (COM-Modul) steuert die Timeout-Überwachung und zyklische Versendung von Signalen, eine händische Implementierung entsprechender Funktionen in der Applikationssoftware ist nicht notwendig. Der entsprechende Code wird auf Basis der AUTOSAR-Systembeschreibung automatisch generiert. Dies reduziert den Aufwand und Anpassungsbedarf bei Änderungen der Kommunikationsbeziehungen bzw. des ECU-Extrakts erheblich.

2.7.6. ECU State Manager

Zusätzlich zur Behandlung von Weckereignissen koordiniert der *ECU State Manager* (EcuM) zudem die Einnahme eines Schlafzustandes des Microcontrollers auf Basis eingehender *Run-Requests* und *Shutdown-Targets* [AUT11e, AUT11f].

Über Run-Requests können Module (z. B. SW-Cs) die Laufbereitschaft des Microcontrollers anfordern. Zudem wird der Microcontroller heute wachgehalten, wenn sich mindestens ein Kommunikationskanal im Zustand **FULL_COM** befindet. Durch Wahl des Shutdown-Targets kann ein implementierungsabhängiger Schlafzustand des Microcontrollers vorgegeben werden.

Solange mindestens ein Run-Request am EcuM anliegt, hält dieser den Microcontroller in einem lauffähigen Zustand. Wurden alle Anfragen zurückgenommen, leitet er die Einnahme des durch das Shutdown-Target bestimmten Schlafzustandes ein.

2.8. Auswirkung der Einsparung von elektrischer Leistung in Kraftfahrzeugen

Aus OEM-Sicht ergibt sich der Nutzen einer Energieoptimierung der E/E-Architektur vor allem aus den durch Kraftstoffeinsparungen resultierenden reduzierten Emissionswerten. In zahlreichen Märkten drohen bei Überschreitung bestimmter CO_2-Grenzwerte hohe Strafsteuern oder Verkaufsverbote. Zur monetären Bewertbarkeit wird in diesem Abschnitt beschrieben, wie die zur Energieerzeugung benötigten Kraftstoffmenge und die daraus resultierenden CO_2-Emissionen berechnet werden können. Weitere Emissionswerte sind für die in den Märkten gültigen Reglementierungsmodelle aus E/E-Architektursicht nicht relevant. In Hinblick auf die zunehmende Elektrifizierung von Antriebssträngen wird zudem bewertet, welchen Einfluss Energieeinsparungen auf Reichweite und Akkukapazität von Elektrofahrzeugen haben.

In Abschnitt 3.5.2 wird auf Basis der ermittelten Werte eine Modellrechnung für ein Fahr- und Ladeszenario erläutert.

2.8.1. Einfluss auf Fahrzeuge mit Verbrennungsmotor

Für zahlreiche automobile Entwicklungsbereiche ist ein numerischer Ansatz zur Abschätzung des Kraftstoffverbrauches eines Verbrennungsmotors in Abhängigkeit der von ihm erzeugten Energie von Interesse. So kann ohne aufwändige Testreihen der Einfluss von Gewichtsoptimierungen, einer Verbesserung des Luftwiderstandes, einer Optimierung des Antriebsstrangs oder eines reduzierten elektrischen Energiebedarfs des Bordnetzes ermittelt werden.

In dieser Arbeit wird das in [RB96] eingeführte Konzept des differentiellen Wirkungsgrades $\eta_{Differentiell}$ verwendet. Der differentielle Wirkungsgrad beschreibt den Wirkungsgrad eines bereits laufenden Motors bei der Erzeugung zusätzlicher Leistung. Im Vergleich zum Gesamtwirkungsgrad entfallen dabei beispielsweise Reibleistungsverluste des Motors und von Nebenaggregaten.

Um die Auswirkung von Energieoptimierungen abzuschätzen, ist die Verwendung von $\eta_{Differentiell}$ gültig, da vom Verbraucher benötigte Leistung entweder direkt aus dem vom Generator gespeisten Bordnetz oder aus der Batterie entnommen wird. Sinkt dabei der Ladezustand der Fahrzeugbatterie, muss diese wieder durch den Generator aufgeladen werden. In beiden Fällen steigt die Motorlast durch die Mehrbelastung des Generators.

Zur Bestimmung von $\eta_{Differentiell}$ wird in [RB96] zuerst der Kraftstoffverbrauch mehrerer Diesel- und Benzin-Motoren im Leerlauf ermittelt. Anschließend wird der Kraftstoffbedarf in Abhängigkeit zusätzlich erzeugter Lasst gemessen. Aus dem Mehrverbrauch und Brennwert des Kraftstoffs kann der differentielle Wirkungsgrad bestimmt werden.

Für 95 Oktan Benzin („Super") ergibt sich ein nahezu konstanter differentieller Wirkungsgrad von:

$$\eta_{Differentiell}^{Benzin} \approx 42\% \text{ bzw. } 0,264\,1/kWh$$

Für Dieselkraftstoff ist

$$\eta_{Differentiell}^{Diesel} \approx 46\% \text{ bzw. } 0,208\,1/kWh$$

Auf Basis von $\eta_{Differentiell}^{Benzin}$ und $\eta_{Differentiell}^{Diesel}$ kann die Kraftstoff- und CO_2-Reduktion in Abhängigkeit der eingesparten Energie bestimmt werden. In dieser Arbeit wird dabei ein auf Messungen basierender durchschnittlicher Wirkungsgrad des Generators von $\eta_{Generator} = 70\%$ verwendet. Unter Berücksichtigung der unterschiedlichen Zusammensetzung von Benzin und Diesel je nach Jahreszeit werden für 95 Oktan Benzin CO_2-Emissionen von 2,3 kg CO_2/l, und von 2,63 kg CO_2/l für Dieselkraftstoff angenommen.

Für 95 Oktan Benzin ergibt sich damit bei einer Einsparung von 1 kWh eine Kraftstoffreduktion von 377,1 ml/kWh (Gl. 2.3). Dies entspricht einem reduzierten CO_2-Ausstoß von 867,4 g CO_2/kWh (Gl. 2.4). Unter Verwendung eines Kraftstoffpreises von 1,60 €/l ergibt sich ein Energiepreis von 0,60 €/kWh (Gl. 2.5). Für einen Dieselmotor ergeben sich Einsparungen von 297,1 ml/kWh (Gl. 2.6) und 772,6 g CO_2/kWh (Gl. 2.7). Damit sind die Energieeinsparungen für Dieselmotoren bzgl. der Einsparungen von CO_2-Emissionen um 10,9 % geringer zu bewerten.

$$V_{Benzin}/\text{kWh} = 0,264\frac{l}{\text{kWh}} \cdot \eta_{Generator}^{-1}$$

$$= 0,264\frac{l}{\text{kWh}} \cdot 0,70^{-1} = 377,1\frac{\text{ml}}{\text{kWh}} \tag{2.3}$$

$$m_{CO_2}(V_{Benzin})/\text{kWh} = 377,1\frac{\text{ml}}{\text{kWh}} \cdot 2,3\frac{\text{g}}{\text{ml}}$$

$$= 867,4\frac{\text{g}}{\text{kWh}} \tag{2.4}$$

$$\text{€}(V_{Benzin})/\text{kWh} = 0,3771\frac{l}{\text{kWh}} \cdot 1,60\frac{\text{€}}{l} = 0,60\frac{\text{€}}{\text{kWh}} \tag{2.5}$$

$$V_{Diesel}/\text{kWh} = 0,208\frac{l}{\text{kWh}} \cdot \eta_{Generator}^{-1}$$

$$= 0,208\frac{l}{\text{kWh}} \cdot 0,70^{-1} = 297,1\frac{\text{ml}}{\text{kWh}} \tag{2.6}$$

$$m_{CO_2}(V_{Diesel})/\text{kWh} = 297,1\frac{\text{ml}}{\text{kWh}} \cdot 2,6\frac{\text{g}}{\text{ml}}$$

$$= 772,6\frac{\text{g}}{\text{kWh}} \tag{2.7}$$

$$\text{€}(V_{Diesel})/\text{kWh} = 0,2971\frac{l}{\text{kWh}} \cdot 1,55\frac{\text{€}}{l} = 0,46\frac{\text{€}}{\text{kWh}} \tag{2.8}$$

2.8.2. Auswirkung auf Fahrzeuge mit elektrifiziertem Antriebsstrang

Für hybridisierte oder reinelektrische Fahrzeuge ergibt sich durch Energieeinsparungen während des Fahrbetriebs ein unmittelbarer Reichweitengewinn. Für den seit 2010 erwerbbaren *NISSAN LEAF* wurde im NEFZ beispielsweise ein Energieverbrauch von 17,3 kWh/100 km ermittelt [GMB12]. Bei einer Einsparung von 1 kWh erhöht sich damit die Reichweite des Fahrzeugs um 5,78 km. Für den *smart fortwo electric drive* liegt der Testverbrauch im NEFZ bei 12 kWh/100 km; 1 kWh entspricht damit einer Reichweite von 8,33 km.

Kriterium	Benzinmotor [W]	NISSAN LEAF	smart el. drive
Kraftstoffeinsparung	4,9 ml	-	-
Zusätzliche Reichweite	-	75,8 m	109,3 m
CO_2-Emissionen	1,03 g CO_2/km	-	-
OEM-Strafsteuer	98,22 €	-	-
Fertigungskosten (Akku)	-	6,56 €	

Tabelle 2.2.: Auswirkungen einer Einsparung von 40 W im NEFZ.

Je nach verwendeter Technologie schwanken die Kosten für die verwendeten Akku-Packs deutlich. Im Rahmen dieser Arbeit wird ein durchschnittlicher Fertigungspreis von 500,00 €/kWh angenommen. Damit ergeben sich beispielsweise für den LEAF Fertigungskosten von 86,50 €/km, für den smart liegen die Fertigungskosten bei 60,00 €/km. Industrieweit wird jedoch davon ausgegangen, dass die Kosten in den kommenden Jahren nochmals deutlich sinken und sich voraussichtlich bis 2020 halbieren werden.

2.8.3. Wirtschaftlicher Nutzen von elektrischen Einsparungen

Für Fahrzeuge mit Verbrennungsmotor ergibt sich für den Kunden der durch Energieeinsparungen resultierende wirtschaftliche Nutzen direkt aus dem reduzierten Kraftstoffverbrauch des Fahrzeuges. Aus Sicht des OEMs dominiert bei der Betrachtung die Reduktion der CO_2-Emissionen. Die restlichen Abgaswerte werden kaum beeinflusst.

In der Europäischen Union wird der *Neue Europäische Fahrzyklus* (NEFZ) [Eur99] zur Bestimmungen des Kraftstoffverbrauchs bzw. der Reichweite verwendet. Im NEFZ sind u. a. die Zyklusdauer von 1180 s und die Gesamtdistanz von 11 km vorgegeben.

Für Fahrzeuge, die im NEFZ mehr als 130 g CO_2/km ausstoßen, tritt ab 2014 eine CO_2-basierte Strafsteuer von 95 € pro Gramm CO_2/km in Kraft. Die Strafsteuer wird für jedes in der EU verkaufte Fahrzeug erhoben. Der CO_2-Grenzwert wird in den Folgejahren schrittweise abgesenkt, der Anspannungsgrad bleibt damit langfristig sehr hoch. Auch in zahlreichen anderen Märkten werden hohe CO_2-basierte Strafsteuern oder sogar Verkaufsverbote eingeführt.

Auf Basis des in Abschnitt 2.8.1 ermittelten Wertes von 867,4 g CO_2/kWh für Benzinmotoren (Gleichung 2.4) ergeben sich über die Testdauer und -distanz des NEFZ beispielsweise für eine um 40 W reduzierte elektrische Leistung während des Testzyklus, Einsparungen von 4,9 ml Kraftstoff, ca. 1,03 g CO_2/km und damit eine Reduktion der durch den OEM zu tragenden Strafsteuer um 98,22 €.

Die Entwicklungs- und Materialkosten einer Optimierungsmaßnahme können damit direkt mit den aus den CO_2-Einsparungen resultierenden finanziellen Einsparungen ins Verhältnis gesetzt werden.

Für elektrifizierte Fahrzeuge ist aus Kundensicht die durch Energieeinsparungen gewonnene Reichweite während des Fahrbetriebs relevant. Für den OEM ist die maximale Reichweite eines Elektrofahrzeuges ein maßgebliches Entwicklungskriterium. Aus der zu erreichenden Distanz bestimmt sich die zu veranschlagende Akkukapazität und damit die Fertigungskosten des Akku-Packs.

Für den NISSAN LEAF ergibt sich mit den im vorherigen Abschnitt bestimmten Werten bei einer Einsparung von 40 W im NEFZ ein Reichweitenzuwachs s_{LEAF} von 75,8 m:

$$
\begin{aligned}
s_{LEAF}(40\,\text{W}) \quad &= \quad 40\,\text{W} \cdot 1180s \cdot (17,3\,\text{kWh}/100\,\text{km})^{-1} \\
&= \quad 13,\bar{1}\,\text{Wh} \cdot (17,3\,\text{kWh}/100\,\text{km})^{-1} = 75,8\,\text{m} \qquad (2.9)
\end{aligned}
$$

Für den smart fortwo electric drive ergibt sich analog ein Reichweitengewinn von $s_{smart}(40\,\text{W}) = 109,3\,\text{m}$.

Bei einer Beibehaltung der ursprünglichen Reichweite könnte der OEM alternativ auch die Akku-Kapazität reduzieren. Für eine gesenkte Leistungsaufnahme von 40 W im NEFZ ergibt sich unter Verwendung der zuvor abgeschätzten Fertigungskosten von 500 €/kWh eine Einsparung von 6,56 €.

Die ermittelten Werte sind für das diskutierte Beispiel einer Einsparung von 40 W in Tabelle 2.2 zusammengefasst.

3. Ansätze zur Energieoptimierung von E/E-Architekturen

In diesem Kapitel wird einleitend die Aufteilung der Leistungsverbraucher in heutigen E/E-Architekturen beschrieben. Anschließend werden die in dieser Arbeit identifizierten Stellhebel zur Energieoptimierung erläutert.

Dazu werden zuerst Ansätze zur lokalen, funktionsspezifischen Optimierungen von einzelnen Steuergeräten vorgestellt und dargelegt, warum diese aus OEM-Sicht oftmals nicht wirtschaftlich sinnvoll anwendbar sind. Zudem wird erläutert, warum der aktuelle Stand der Technik hinsichtlich der Energieoptimierung von Microcontrollern von dem Optimierungsgrad im Consumer-Bereich, wie z. B. von Mobiltelefonen, abweicht. Als für den OEM vielversprechende Alternative werden danach vernetzungsbasierten Optimierungsansätzen beschrieben. Dabei wird insbesondere das Konzept einer adaptiven, bedarfsabhängigen Abschaltung von einzelnen Steuergeräten abgeleitet. Speziell für FlexRay wird dabei das im Rahmen der Arbeit entwickelte Konzept des „Intelligenten Kommunikationskontrollers" zur adaptiven Abschaltung von FlexRay-Steuergeräten motiviert. Das Kapitel schließt mit einer Bewertung der diskutierten Ansätze und einer theoretischen Abschätzung des minimal zu erwartenden Einsparpotentials durch eine adaptive Knotenabschaltung.

3.1. Aufteilung der Leistungsverteilung in heutigen Fahrzeugen

Zur besseren Bewertbarkeit des Potentials verschiedener Stellhebel zur Energieoptimierung ist es hilfreich, die Verteilung der elektrischen Leistung in heutigen Fahrzeugen zu betrachten. Insbesondere Komponenten mit einer sehr hohen Leistungsaufnahme sind jedoch stark von äußeren Umgebungseinflüssen und dem Nutzerverhalten abhängig:

- bei Fahrten mit sehr hohen oder niedrigen Temperaturen fallen durch den Bedarf eines hohen Luftdurchsatzes zur Klimatisierung ca. 200 W–250 W für den Betrieb der Belüftung an.

- bei Fahrten mit niedrigen Temperaturen verbraucht eine eingeschaltete Sitzheizung über 100 W, die elektrische Heckscheibenheizung über 250 W, elektrisch beheizte Wischwaschdüsen und Außenspiegel ca. 100 W.

- in Dunkelheit werden ca. 100 W für die Fahrzeugbeleuchtung benötigt.

- die Kraftstoffpumpe benötigt je nach Leistungsklasse des Motors ab ca. 50 W, kann aber auch im Bereich mehrerer hundert Watt liegen.

- die Scheibenwischanlage verbraucht ca. 40 W.

Komponente	Leistungsaufnahme [W]	Anteil [%]
Ausgänge und Freilauf	5	46,5
Spannungsregler	3	27,9
Verpolschutz	1	9,3
Microcontroller	1	9,3
Eingänge	0,5	4,65
Bustreiber	0,25	2,3
Gesamt	10,75 W	100

Tabelle 3.1.: Leistungsverteilung am Beispiel eines Body-Controllers [WLMS10b].

Aufgrund des hohen Einsparpotentials dieser Systeme werden industrieweit große Anstrengungen unternommen, um den Verbrauch der entsprechenden Komponenten zu optimieren oder z. B. über neuartige Klimatisierungskonzepte den Energieverbrauch zu senken. Da die genaue Dauer und Häufigkeit dieser Umgebungszustände nicht klar bestimmbar ist, wird für diese Systeme keine konkrete Bewertung des Einsparpotentials getroffen.

Besser bewertbar sind Systeme, deren Aktivitätszeitraum auf Basis gesetzlich vorgegebener Fahrzyklen wie dem NEFZ bestimmt werden kann. Ohne Berücksichtigung der Fahrzeugklimatisierung wird in [WLMS10b] beispielsweise für eine Nachtfahrt, mit dem Geschwindigkeitsprofil des NEFZ bei 0° C abgeschätzt, dass der Leistungsbedarf aller Steuergeräte im Fahrzeug einen Anteil von ca. 20%, bzw. ca. 200 W hat.

Trotz der Abweichung der Temperatur- und Lichtverhältnisse von den Umgebungsbedingungen des NEFZ kann dieser Wert als Bewertungsgrundlage für das Potential einer Steuergeräteoptimierung verwendet werden: da in aktuellen E/E-Architekturen bei aktivem Fahrzeug fast immer alle Steuergeräte aktiv sind, spielen Umwelteinflüsse keine Rolle.

Die Leistungsaufteilung eines Steuergerätes ist typischerweise stark von der Anzahl der zu treibenden Ausgänge abhängig. In Tabelle 3.1 ist beispielhaft die Leistungsverteilung auf die unterschiedlichen Komponenten eines Body-Controllers aufgeführt. Im Gegensatz zur anwendungsabhängigen Anzahl von Ausgängen kann die Leistungsaufnahme der Spannungsregler und des Verpolschutzes als allgemeinere Größe betrachtet werden. Im Falle des Body-Controllers ergibt sich für den Microcontroller ein relativer Leistungsverbrauch von ca. 10%.

In Abbildung 3.1 ist zum Vergleich eine thermographische Aufnahme eines Gateways dargestellt [Lan08]. Auch hier ist anhand der hohen Wärmeabstrahlung gut sichtbar, dass ein hoher Anteil der Leistung auf die Spannungsregler entfällt. Die zweite, hinsichtlich der Leistungsaufnahme wesentliche Komponente, ist der Microcontroller.

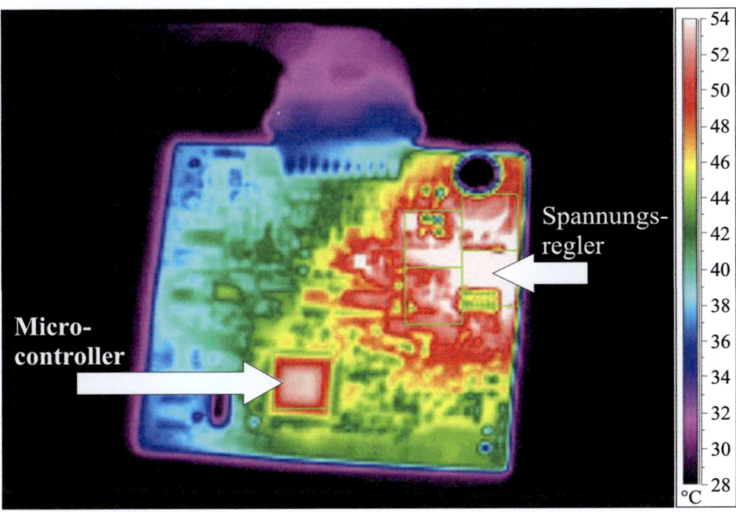

Abbildung 3.1.: Thermographieaufnahme eines Gateway-Steuergerätes [Lan08].

3.2. Funktionsabhängige Stellhebel auf Komponentenebene

Der aus Perspektive der E/E-Architekturentwicklung feingranularste Angriffspunkt ist die funktionsspezifische Optimierung einzelner Knoten. Der Zulieferer kann hier gesammelte Expertisen projektübergreifend nutzen. Für den OEM bietet dieser Ansatz jedoch nur wenig Potential zur systematischen Wiederverwendung.

Im Folgenden wird zwischen vier grundsätzlichen lokalen Optimierungsansätzen unterschieden: der Optimierung von allgemeinen Steuergerätekomponenten, der Verwendung von effizienteren Leistungstreibern und Spannungsreglern, der Einführung unterschiedlicher Spannungsebenen zur Leistungsversorgung von Steuergeräten und der spezifischen Optimierung von Microcontrollern.

3.2.1. Optimierung von Sensoren, Aktoren und Peripherie

Durch Optimierung einzelner Komponenten, wie beispielsweise einem Austausch von Motoren oder elektrischen Heizelementen durch effizientere Bauteile können bei Steuergeräten mit leistungsintensiven Hauptverbrauchern sehr schnell hohe Einsparungen erreicht werden. Dieser Prozess ist vor allem durch den technischen Entwicklungsfortschritt geprägt. Eventuell höhere Teilekosten können direkt mit den Leistungseinsparungen in Relation gesetzt werden (vgl. Abschnitt 2.8.1).

Seit dem 07.02.2011 ist in der EU beispielsweise die Verwendung von Tagfahrlichtern vorgeschrieben, durch die die Sichtbarkeit des Fahrzeuges auch bei Helligkeit gesteigert werden soll (vgl. [Eur08]). Durch Übergang von Halogen-Leuchtmitteln mit einer typischen Leistungsaufnahme von je 20 W zu LED-Tagfahrlichtern mit einer Aufnahme von 5 W, können 15 W pro Leuchteinheit bzw. 30 W für beide Schweinwerfer eingespart werden. Dadurch reduziert sich der Kraftstoffverbrauch für Benzinmotoren um 11,3 ml/h, der CO_2-Ausstoß sinkt um 26 g/h.

Wie in Abschnitt 2.8.3 beschrieben, könnten demnach für Fahrzeuge, deren CO_2-Emissionen im strafsteuerpflichtigen Bereich liegen, die OEM-Strafsteuern um jeweils 73,66 € gesenkt werden. Aus finanziellen Gesichtspunkten lohnt sich der Einsatz von LED-Tagfahrlichtern damit, wenn die anfallenden Gesamtkosten unter diesem Betrag liegen.

3.2.2. Effiziente Spannungsregler und Leistungstreiber

Durch eine optimierte Leistungsversorgung des Steuergerätes und von externen Komponenten können ebenfalls hohe prozentuale Einsparungen erreicht werden.

Durch Austausch von linearen Spannungsreglern durch Schaltregler kann beispielsweise die Leistungsaufnahme von Halbleiterkomponenten mit geringer Versorgungsspannung gesenkt werden. Geht man beispielsweise von einer Wandlung der durchschnittlichen Bordnetzspannung von 12,6 V auf 5 V und einem Wirkungsgrad eines Schaltreglers von 85% aus, ist im Vergleich zu einem idealen Linearregler eine Reduzierung auf 47% der ursprünglichen Leistungsaufnahme zu erreichen. Für eine typische Stromaufnahme eines Microcontrollers für CAN von 70 mA ergeben sich damit Einsparungen von 0,38 ml/h, 0,41 g CO_2/h bzw. 1,15 € im NEFZ.

Auch hier können die erreichbaren Einsparungen direkt mit den Mehrkosten verglichen werden.

3.2.3. Mehrstufige Spannungsversorgung von Steuergeräten

Es ist davon auszugehen, dass die Anzahl leistungsstarker Verbraucher im Fahrzeug, wie elektrischen Zuheizern oder leistungsstarken elektrischen Motoren, z. B. zur Aufnahme des Fahrbetriebs bei niedrigen Geschwindigkeiten, stark ansteigen wird. Zudem werden zunehmend rekuperative Systeme in Fahrzeuge integriert, die in Phasen des Ausrollens oder während des Bremsens die kinetische Energie des Fahrzeugs über Generatoren in elektrische Energie umwandeln und dem Bordnetz zuführen.

Für diese Anwendungsfälle ist es hilfreich, höhere Spannungsebenen einzuführen. Für abgeschlossene, hybride Fahrzeugsysteme sind Spannungen bis üblicherweise 400 V im Einsatz. Für Systeme, die mit berührungssicheren Spannungen arbeiten müssen, liegt die Obergrenze bei ca. 40 V.

Durch den Weggang vom 12 V Bordnetz können für diese Anwendungen einerseits effizientere Bauteile verwendet werden, andererseits sinken aufgrund der geringen Betriebsströme allgemein die ohmschen Verluste im Bordnetz.

In fast allen Steuergeräten kommen ASICs zum Einsatz, die eine im Vergleich zur Bordnetzspannung niedrigere Versorgungsspannungen von typischerweise 3,3 V– 5 V benötigen. Aufgrund der in Abschnitt 2.5.1 erwähnten Einschränkungen bzgl. der zusätzlichen Kosten und der EMV-Verträglichkeit kommen zur Spannungswandlung trotz des hohen prozentualen Einsparpotentials häufig lineare Spannungsregler zum Einsatz, die überschüssige Leistung in Form von Wärme abgeben. Durch Einführung einer neuen Versorgungsspannung von z. B. 6 V, welche speziell für die Versorgung von ASICs ausgelegt ist, könnte die Effizienz trotz Verwendung von günstigen Linearreglern auf 55% bis 83,3% (für Ausgangsspannungen von 3,3 V bzw. 5 V) gesteigert werden.

Die zwei Haupteinschränkungen, die einer flächendeckenden Einführung dieses Ansatzes entgegenstehen, sind:

1. die hohen zusätzlichen Verdrahtungsressourcen, die für die Verteilung der neuen Leistungsebene entstehen würden. Im Gegensatz zur Einführung einer Hochspannungsebene, die nur von einigen wenigen Steuergeräten benötigt wird, ist ein Niedervoltbordnetz fahrzeugweit zu verteilen. Auf den Leitungssatz entfallen bereits heute hohe Fertigungskosten und ein hoher Gewichtsanteil. Für den Leitungssatz des Audi A4 (Modelljahr 2009) gibt [Hud09b] beispielsweise eine Gesamtlänge von 1,9 km und ein Gesamtgewicht von 29,7 kg an—ca. 2% des Gesamtfahrzeuggewichts. Für eine Mercedes-Benz E-Klasse (Modelljahr 2008) liegt das Gewicht bei maximal 36 kg, die Gesamtlänge bei 3 km. Beide Faktoren würden durch Einführung einer zweiten, fahrzeugweiten Spannungsebene weiter stark ansteigen.

2. die durch Absenkungen des Spannungsbereiches für die Stabilisierung der Versorgungsspannung anfallenden Kosten pro Knoten. Wie in Abschnitt 2.5.1 erläutert, unterliegt das Bordnetz beim Fahrzeugstart und bei Aktivierung leistungsintensiver Komponenten bereits heute signifikanten Spannungseinbrüchen. Durch Verwendung einer hohen Versorgungsspannung können diese auch mit kostengünstigen Bauteilen zeitlich befristet kompensiert werden.

Zusammenfassend ist mittelfristig die Verwendung einer berührungssicheren Spannungsebene, die über dem heutigen 12 V Bordnetz liegt, wahrscheinlich. Heutige Hybrid- und Elektrofahrzeuge verwenden bereits abgeschlossene Hochspannungsnetze. Die Einführung einer niedrigeren Versorgungsspannung ist aufgrund des im Vergleich zum hohen zusätzlichen Materialaufwand geringen Nutzens nicht wirtschaftlich sinnvoll.

3.2.4. Optimierung der Energieeffizienz von Microcontrollern

Die Leistungsfähigkeit der CPU des in einem Steuergerät verwendeten Microcontrollers ist abhängig von der maximal zu erwartenden Rechenlast der auszuführenden Applikation. Während die Ansteuerung einer Sitzheizung beispielsweise über alle Fahrzeugzustände hinweg stets konstant wenig Rechenzeit erfordert, haben zahlreiche andere Fahrzeugsysteme zeitlich stark unterschiedliche Performanzanforderungen. In Phasen, in denen die verfügbare Leistungsfähigkeit der CPU nicht benötigt wird, könnte diese über unterschiedliche Mechanismen in einen energiesparenden Zustand versetzt werden.

Üblicherweise enthalten heutige Microcontroller zusätzlich zur CPU, Speichern und I/O-Schnittstellen eine Vielzahl weitere Komponenten, welche oftmals nicht in allen Applikationszuständen benötigt werden. Dazu gehören beispielsweise integrierte CAN- oder FlexRay-Kommunikationskontroller, A/D-Wandler, konfigurierbare Timerblöcke sowie DMA-Controller. Auch hier bietet sich an, nicht benötigte Module in einen energiesparenden Zustand zu versetzten.

Je nach Microcontroller werden hierzu typischerweise folgende grundlegende Ansätze unterstützt:

- durch **Frequency Scaling** kann die Leistungsfähigkeit des Microcontrollers durch eine bedarfsabhängige Taktanpassung von Modulen (z. B. der CPU) skaliert werden. Durch eine Reduktion der Taktfrequenz wird die dynamische Verlustleistung getakteter Gatter reduziert.

- beim **Clock Gating** wird der Takt von nicht benötigten Microcontrollerkomponenten, insbesondere der CPU, gestoppt. Je nach Abstufung der Taktverteilung können damit gezielt einzelne Komponenten oder Komponentengruppen taktlos geschaltet werden. Auch hier ist das Hauptziel die Reduktion der dynamischen Verlustleistung der entsprechenden Komponenten.

- durch **Voltage Scaling** wird die Versorgungsspannung von Komponenten dynamisch angepasst. Voltage Scaling wird oftmals in Verbindung mit den Mechanismen des Frequency Scaling und Clock Gating verwendet, da die minimal benötigte Versorgungsspannung eines Moduls in Abhängigkeit seiner Taktung steigt oder sinkt.

- beim **Power Gating** werden nicht benötigte Chipregionen, die *Leistungsdomänen*, spannungslos geschaltet. Dadurch wird sowohl die dynamische, als auch die statische Verlustleistung der in den Domänen enthaltenen Gatter eingespart.

Beim Frequency Scaling skaliert der dynamische Stromverbrauch des Microcontrollers typischerweise linear mit der Taktfrequenz mit dem Faktor $k_{FrequencyScaling}$. Aufgrund des taktunabhängigen Leckstroms I_{Leck}, entsteht jedoch selbst bei komplett gestopptem Takt stets eine statische Verlustleistung (vgl. Abschnitt 2.5.5).

Ausgehend von einem maximalen Systemtakt f_{SysMax} lässt sich die durch Frequency Scaling erreichbare Reduktion des Microcontroller-Betriebsstroms I_{Micro} bei Einnahme des Taktes f_{Sys} damit wie folgt ausdrücken:

$$I_{Micro}(f_{Sys}, k_{FrequencyScaling}) = I_{Leck} + k_{FrequencyScaling} \cdot \frac{f_{Sys}}{f_{SysMax}} \cdot I_{Dynamisch} \qquad (3.1)$$

Die Verwendung von Clock Gating kann als Sonderfall ebenfalls durch Gleichung 3.1 mit $f_{Sys} = 0$ MHz beschrieben werden. Auf Basis von für verschiedene Microcontrollern ermittelten Werten bewegt sich $k_{FrequencyScaling}$ für aktuelle Microcontroller je nach Funktionsumfang und Fertigungstechnologie typischerweise zwischen 0,5–0,8.

Neben speziellen Fertigungstechnologien kann der Leckstrom auch durch den allgemeinen Ansatz der Power Gating und Voltage Scaling Mechanismen reduziert werden. Eine geregelte Spannungssteuerung, bzw. die Verwendung von Leistungsdomänen ist insbesondere sinnvoll, wenn die enthaltenen Module zur Laufzeit häufig nicht benötigt werden und die Region viele Transistoren enthält.

Für jede Leistungsdomäne wird jedoch zusätzliche Chipfläche benötigt, da die Region physikalisch von den restlichen Bereichen getrennt sein muss. Voltage Scaling erfordert aufwendige Spannungsregler, die ebenfalls funktional nicht verwendbare Fläche beanspruchen. Beide Technologien steigern also den Platzbedarf des Microcontrollers, welcher direkte Auswirkungen auf die Fertigungskosten hat.

Die unterschiedlichen Ausprägungen der Optimierungsmaßnahmen werden in den folgenden zwei Abschnitten anhand zweier gängiger Microcontroller erläutert: dem TC1797 von Infineon und dem V850E2/FK4 von Renesas Electronics.

3.2.4.1. Übersicht über Energiesparmechanismen des Infineon TC1797

Der TC1797 ist ein Microcontroller mit sehr hoher Leistungsfähigkeit und wurde für den Einsatz in Motor- und Getriebesteuergeräten ausgelegt, in denen hohe Temperaturen auftreten. Er unterstützt einen CPU-Takt von bis zu 180 MHz, die maximale Stromaufnahme liegt bei 600 mA, typischerweise werden 430 mA angenommen (jeweils bei 150° C). Der TC1797 basiert auf einer 32 Bit *Reduced Instruction Set Computing* (RISC) CPU-Architektur und ist mit 4 MB Flash sowie 224 kByte RAM ausgestattet.

Der TC1797 erlaubt eine sehr flexible Anpassung des Versorgungstaktes der unterschiedlichen Module. Das Architekturschaltbild und die schematische Taktverteilung des TC1797 sind in Abbildung 3.2 dargestellt. Die *Clock Generation Unit* (CGU) erlaubt zur Laufzeit eine flexible, vom aktuellen Rechenbedarf abhängige Anpassung verschiedener Haupttakte, die von der *Clock Control Unit* an die unterschiedlichen Module (z. B. der CPU oder des E-Ray FlexRay IP Moduls) des TC1797 verteilt werden.

Der TC1797 unterstützt zudem die zwei Energiesparmodi *Idle Mode* und *Sleep Mode*. Im Idle Mode wird der CPU-Takt per Clock Gating gestoppt, andere Komponenten können aber weiterhin auf den CPU-Speicher zugreifen. Im Sleep Mode kann zusätzlich die Taktversorgung für weitere nicht benötigte Module gestoppt werden. Bei Eintreten einer Weckbedingungen (z. B. eines Interrupts) wird der Idle oder Sleep Mode verlassen und die normale Ausführung fortgesetzt.

Eine detaillierte Erläuterung der Komponenten und der Konfigurationsmöglichkeiten der Taktverteilung findet man im Handbuch des Microcontrollers [Inf09].

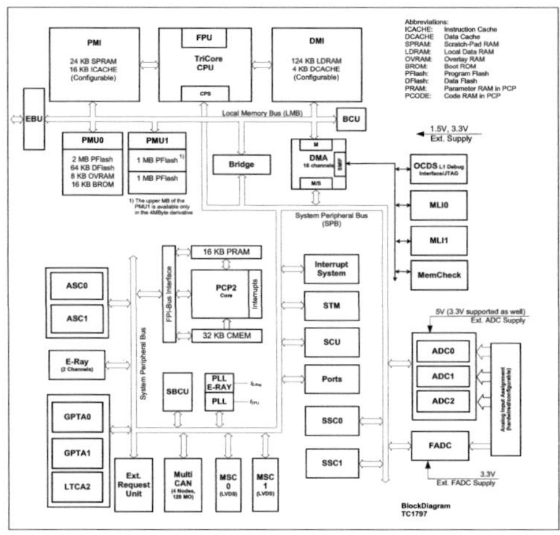

(a) Architektur des TC1797

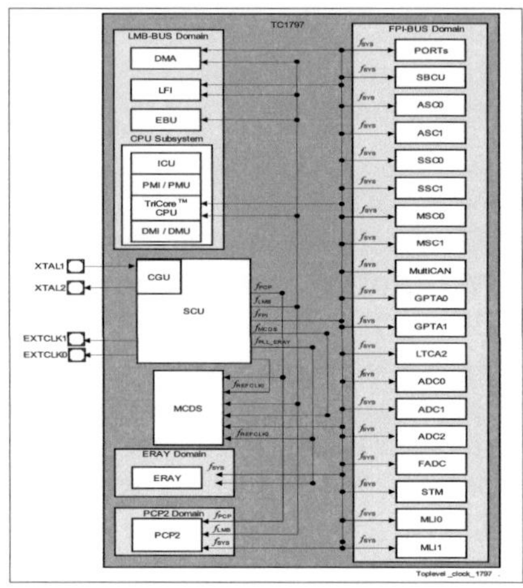

(b) Taktsteuerung und -verteilung

Abbildung 3.2.: Architektur und Taktverteilung des Infineon TC1797 [Inf09].

3.2.4.2. Übersicht über Energiesparmechanismen des V850E2/FK4

Die Renesas V850E2/Fx4-Microcontrollerfamilie wurde primär für Anwendungen im Body-Bereich entwickelt. Der FK4 ist ein Derivat aus der Fx4-Produktfamilie und enthält zwischen 768 kByte bis 2 MByte Flash sowie zwischen 64 kByte bis 144 kByte RAM. Der maximale CPU-Takt liegt bei 80 MHz.

Von besonderem Interesse ist die in Abbildung 3.3a gezeigte Unterteilung der Microcontroller-Module auf die *Always-On-Area* (AWO), die *Isloated-Area-0* (Iso0) und die *Isloated-Area-1* (Iso1). Die Aufteilung der ebenfalls steuerbaren Taktversorgung ist im Gegensatz zum TC1797 auf die drei Bereiche beschränkt und erlaubt keine individuelle Ansteuerung einzelner Module (vgl. Abbildung 3.3b).

Zusätzlich zur Taktanpassung kann der FK4 jedoch auch die Spannungsversorgung der Iso0 und Iso1 einstellen. Damit entfallen die dynamischen und statischen Verlustleistungen für die jeweiligen Domänen.

Eine detaillierte Beschreibung des Microcontrollers findet man in [Ren12].

3.2.5. Vergleich zwischen Optimierungsmaßnahmen von Microcontrollern im Consumer-Bereich und Automotivbereich

Bei Betrachtung der im vorherigen Abschnitt aufgeführten Optimierungsmöglichkeiten fällt auf, dass eine Vielzahl der Technologien und Vorgehensweisen bereits seit langem im Consumer-Bereich, insbesondere in mobilen Endgeräten wie Mobiltelefonen und Tablets, Anwendung finden.

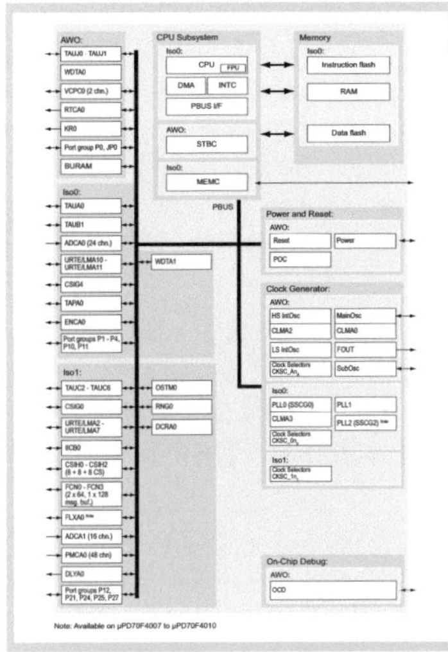

(a) Architektur des V850E2/FK4

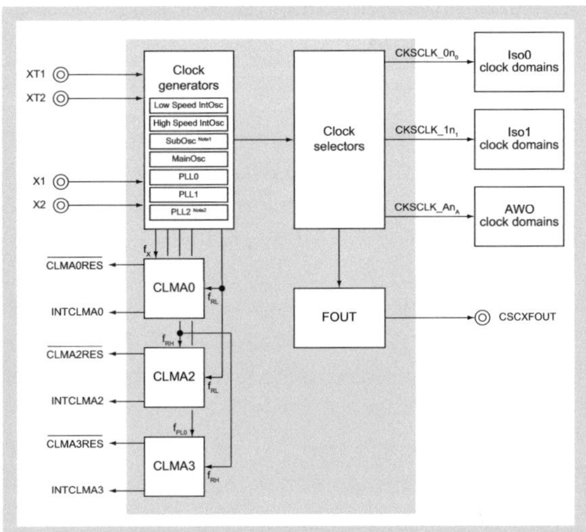

(b) Konfigurierbare Taktsteuerung und -verteilung

Abbildung 3.3.: Architektur und Taktverteilung des Renesas V850E2/FK4 [Ren12].

Renesas Mobile hat beispielsweise ein speziell für Mobiltelefone entwickeltes *System on Chip* (SoC) mit insgesamt 20 Power-Domänen vorgestellt [Hat11], welches u. a. ein Mobilfunk-Modem, einen MPEG- und JPGEG-Decoder, ein Bildverarbeitungsmodul und einen Soundprozessor enthält. Zudem sind zahlreiche weitere Maßnahmen zur Energieoptimierung im laufenden Betrieb implementiert. So wird beispielsweise die Taktversorgung von Modulen selbständig gestoppt, wenn kein Buszugriff erfolgt.

Die unterschiedlichen Technologien erfordern einen hohen Entwicklungs- und Absicherungsaufwand und steigern daher die Entwicklungskosten deutlich. Die Integration der Power-Domänen erhöht zudem die Fertigungskosten eines Microcontrollers: da die Domänen auf dem Substrat voneinander isoliert werden müssen, erhöht sich die Fertigungskomplexität und es wird eine größere Chipfläche beansprucht.

Globalfoundries erwartet ab dem Jahr 2015 jährliche Stückzahlen von Mobiltelefonen im Bereich einer Milliarde [Chi12]. Das hohe Wachstum wird dabei primär aus nicht-westlichen Ländern wie Indien oder China bestimmt. Erst diese hohen Stückzahlen machen die Entwicklungs- und Absicherungsaufwände von entsprechenden ASICs mit energieeffizienten Mechanismen sowie die Investition in neue Prozesstechnologien, die z. B. die statischen Leckströme reduzieren, finanziell tragbar. Im Automobilbereich ist nicht von ähnlich großen Stückzahlen auszugehen, womit auch keine vergleichbare hohe Innovationsgeschwindigkeit zu erreichen ist.

3.2.6. Anwendbarkeit lokaler, funktionsabhängiger Stellhebel durch den OEM

Im Gegensatz zum Zulieferer kann der OEM typischerweise die in den vorherigen Abschnitten erläuterten lokalen Stellhebel nur eingeschränkt anwenden. Die während der Arbeit ermittelten Hauptgründe für diesen Unterschied können in drei verschiedene Bereiche eingeteilt werden.

1. ein wesentlicher Grund für die Einschränkung ist die historisch entstandene Aufgabenteilung zwischen OEM und Zulieferer bei der Entwicklung von Steuergeräten. Der OEM definiert die Projektziele fast immer über Lastenheftvorgaben, die nur selten eine konkrete Implementierung vorgeben. Diese wird durch den Zulieferer auf Basis des Lastenhefts bestimmt.

   Für den OEM ergibt sich dadurch als Hauptvorteil, dass keine Expertenkenntnisse auf Implementierungsebene notwendig sind. Diese stellt der Zulieferer zur Verfügung. Für den Zulieferer rechnet sich dieses Vorgehen, da er die gleichen Kenntnisse für Entwicklungsaufträge verschiedener OEMs wiederverwenden kann. Vorgaben an ein Motor- oder Türsteuergerät unterscheidet sich z. B. für die gleiche Motorklasse oder den gleichen Funktionsumfang oftmals nicht wesentlich zwischen unterschiedlichen OEMs. Mehrere OEMs haben in den vergangenen Jahren das gemeinsame Ziel formuliert, von diesem Umstand unter dem Überbegriff des *Industriebaukastens* zu partizipieren. Ziel des Industriebaukastens ist die OEM-übergreifende Festlegung von Spezifikationen an Steuergeräte, die keine wettbewerbsdifferenzierenden Vorteile darstellen. Der Industriebaukasten hat damit Ähnlichkeiten zur Grundidee von AUTOSAR.

2. durch die Trennung der Entwicklungsaufgaben sind mehrere Parteien an der Erstellung eines Steuergerätes beteiligt. Dies ist ein wesentlicher Unterschied im Vergleich zum Entwicklungsprozess von hochintegrierten SoCs für mobile Endgeräte, deren Hauptkomponenten fast ausschließlich von der vertreibenden Firma spezifiziert, implementiert oder lizenziert und adaptiert werden. Die notwendigen Expertenkenntnisse liegen damit in einer Hand und müssen nicht an mehreren Stellen aufgebaut und erhalten werden.

   Bei der Verwendung von Microcontrollern, die Energiesparmaßnahmen, wie z. B. eine dynamische, lastabhängige Frequenzanpassung oder eine bedarfsabhängige Spannungsregelung unterstützten, hat der OEM durch die Trennung der Entwicklungsaufgaben sehr wenig Einfluss auf die konkrete Nutzung der Technologien. Die Konfiguration und der Einsatz entsprechender Maßnahmen ist stark anwendungs- und implementierungsabhängig und kann damit nicht ohne Kenntnis der konkreten Umsetzung definiert werden: der OEM kann beispielsweise nur eingeschränkt vorgeben, wann ein Microcontroller mit welcher Taktgeschwindigkeit betrieben werden soll oder wann welche Core-Spannung anliegen muss. Zudem ist damit keine, für eine Kostenabschätzung notwendige, ausreichend genaue Aufwandsbewertung durch den OEM durchführbar.

Auch wenn in den vergangenen Jahren Maßnahmen gestartet wurden, welche eine Verwendung von Microcontrolleroptimierungen über standardisierte AUTOSAR-Mechanismen ermöglichen sollen (vlg. [Hir10, BFMB12, Cul10]), ist keine der für Mobiltelefone übliche hochdynamische Anpassung an den aktuellen Betriebszustand abzusehen.

3. zusätzlich steht die Projektplanung einer Neu- oder Weiterentwicklung eines Steuergerätes sowohl auf Zulieferer-, als auch auf OEM-Seite unter einem sehr hohen Kostendruck.

   Aus Zulieferersicht sind nur geringe Vorteile durch die vorauseilende Anwendung von energiesparenden Mechanismen ohne Weitergabe der Mehrkosten zu erwarten. Eine wie im Consumer-Bereich entstehende Kundenbindung ist aufgrund des Kostendrucks nicht zu erwarten.

   Aus Zulieferersicht wird im Allgemeinen die zur Erfüllung der Entwicklungsziele kostengünstigste Lösung verwendet. Energieeffiziente Bauelemente sind fast immer teurer und werden ohne explizite Forderung im Lastenheft nur eingesetzt, wenn diese aus funktionalen Gründen, wie z. B. thermischen Begrenzungen, notwendig sind. Bei einer pauschalen Vorgabe von zu verwendenden Komponenten im Lastenheft werden die resultierenden Mehrkosten auf die Fertigungs- und Entwicklungskosten umgelegt.

In Summe ergeben sich damit für den OEM folgende Einschränkungen, die der Verwendung von lokalen Optimierungsmöglichkeiten entgegenstehen:

- keine Expertenkenntnisse über die konkrete Implementierung eines Steuergerätes in der Phase der Lastenhefterstellung.

- schlechte Nachvollziehbarkeit des Aufwandes und Bewertbarkeit der Anwendbarkeit von energiesparenden Microcontroller-Mechanismen.

- direkte Weitergabe der durch Verwendung von energieeffiziente Komponenten und Technologien entstehenden Mehrkosten des Zulieferers an den OEM.

Vergleicht man diese Einschränkungen mit der dem OEM eigentlich zur Verfügung stehenden Expertise, die sich vor allem in der Definition und Entwicklung der Gesamtarchitektur eines Fahrzeuges findet, wird klar, dass die Vorgabe von lokalen Optimierungsmaßnahmen nicht im direkten Verantwortungsbereich liegt. Stattdessen sollte sich der OEM auf die Bereitstellung von Technologien fokussieren, deren Anwendung er direkt beeinflussen und spezifizieren kann. Dies sind, wie im nächsten Abschnitt beschrieben, insbesondere Technologien auf der Vernetzungsebene, die keine oder nur minimale lokale, implementierungsabhängige Eingriffe in einzelne Steuergeräte erfordern.

3.3. Stellhebel auf Vernetzungsebene

Die Einnahme eines Schlafzustandes—im Folgenden auch als Abschaltung bezeichnet—einzelner, zeitweise nicht benötigter Knoten, bietet im Vergleich zur lokalen Optimierung aus OEM-Sicht mehrere Vorteile. Im Rahmen dieser Arbeit wird davon ausgegangen, dass in diesem Schlafzustand mindestens die Kommunikationsfähigkeit, im Idealfall auch die Lauffähigkeit der Software vollständig gestoppt ist und der Schlafzustand durch ein Weckereignis verlassen werden kann.

Durch diesen Ansatz kann der OEM Abschaltbedingungen von Knoten auf Basis von Fahrzeugzuständen auf Systemebene spezifizieren und benötigt keine detaillierten Kenntnisse über die Auslegung einzelner Steuergeräte.

Zudem ist die entstehende Komplexität auf Knotenebene, insbesondere im Vergleich zu Microcontrolleroptimierungen, gering, da die Auswirkungen und Nebeneffekte des Schlafzustandes leicht eingrenzbar sind. Im Gegensatz dazu ergibt sich z. B. bei einer dynamischen Taktanpassung eine veränderliche Laufzeit von Anwendungen. Ebenso muss bei einer feingranularen Abschaltung einzelner Steuergeräte- oder Microcontrollerkomponenten sichergestellt werden, dass der Zugriff auf inaktive Module vermieden wird.

Der Ansatz einer adaptiven Knotenabschaltung wird im Folgenden unter dem Begriff *Teilnetz* eingeführt. Teilnetze werden seit langem mit busunabhängigen Technologien implementiert [EH10]. Wie in Abschnitt 2.6.1 beschrieben, stellt die Verwendung von Klemmen einen der bekanntesten, busunabhängigen Ansatz zur Bildung von Teilnetzen dar. Durch Klemmen können Steuergeräte je nach Fahrzeugzustand mit Leistung versorgt werden. Zusätzlich ist die Verwendung von Weckleitungen üblich, durch die die Spannungsversorgung von Knoten gezielt aktiviert oder deaktiviert werden kann.

Busunabhängige Ansätze benötigen stets zusätzliche Verkabelung. Dies hat zur Folge, dass die Bildung von feingranularen und über das Fahrzeug verteilten Teilnetzen das Fahrzeuggewicht, den benötigten Verbauraum und die Produktionskosten negativ beeinflusst. Es ist daher zielführend, bereits bestehende Netzwerktechnologien zur Bildung von Teilnetzen zu verwenden.

In den nächsten Abschnitten werden mehrere Kriterien für die Bewertung von unterschiedlichen Teilnetzimplementierungen eingeführt. Anschließend werden aktuelle Aktivitäten zur Abschaltung von CAN-Steuergeräten sowie sich durch Einsatz von Teilnetzen ergebende Problemstellungen bei der Entwicklung von E/E-Architekturen erläutert. Abschließend wird beschrieben, wie der Ansatz einer selektiven Abschaltung von Knoten über Teilnetze auf FlexRay übertragen werden kann.

3.3.1. Teilnetze

Für die weitere Betrachtung verschiedener Ansatzpunkte zur Energieoptimierung von E/E-Architekturen wird die Definition des *Teilnetzes* eingeführt: ein Teilnetz ist eine eindeutig definierte Menge von Knoten, die unabhängig von den restlichen Knoten zuverlässig geweckt bzw. in einen Schlafzustand versetzt werden können. Ziel von Teilnetzen ist es, alle enthaltenen Knoten, welche zeitweise nicht benötigt werden, abzuschalten, bzw. in einen möglichst energiesparenden Zustand zu überführen. In diesem Zustand wird angenommen, dass die auf dem Knoten ausgeführte Software mindestens nicht mehr kommunikationsfähig oder komplett gestoppt ist.

Das mögliche Einsparpotential eines Teilnetzes hängt stark von dessen Granularität und Trägheit ab. Die Granularität beschreibt die kleinste darstellbare Menge von Knoten eines Teilnetzes. Die Trägheit bezeichnet allgemein die Geschwindigkeit, mit der ein Teilnetz deaktiviert und insbesondere wieder geweckt werden kann. Je feingranularer und schneller ein Teilnetz ist, desto höher ist sein potentielles Einsparpotential, da seine Anwendbarkeit und damit durchschnittliche Abschaltdauer ansteigt.

Für heutige Vernetzungstechnologien ergeben sich unterschiedliche realisierbare Granularitätsstufen. Die Trägheit hängt, neben der Vernetzungstechnologie selbst, auch stark von der Verwaltung der Teilnetze ab.

Zur besseren Unterscheidung wird im folgenden Abschnitt der Begriff der *Schlaf-* und *Weckobjekte* definiert. Anhand der Definition werden drei unterschiedliche Granularitätsklassen von Teilnetzen bestimmt und die von CAN, FlexRay und LIN unterstützte Klasse ermittelt. Abschließend wird ein neues Konzepte für CAN vorgestellt, welches die Bildung von feineren Teilnetzen erlaubt.

3.3.1.1. Schlaf- und Weckobjekte

Knoten eines Teilnetzes sollen, unabhängig von den restlichen Busknoten, in einem Schlafzustand versetzt und wieder geweckt werden können. Der Schlafzustand eines Teilnetzes muss durch einen eindeutig definierten, reproduzierbaren Mechanismus—im Folgenden *Schlafobjekt* genannt—eingenommen werden können. Das *Weckobjekt* bezeichnet analog den Mechanismus bzw. das Ereignis, dass *alle* Knoten eines Teilnetzes in den aktiven Zustand überführt. Bei der Identifikation der Schlaf- und Weckobjekte der unterschiedlichen Bustechnologien wird nur der spezifizierte Funktionsumfang berücksichtigt. Implementierungsabhängige, nicht standardisierte Technologien werden nicht betrachtet.

Die Spezifikation der Bitübertragungsschicht von CAN nach der ISO 11898-2 und ISO 11898-5 sieht beispielsweise vor, das alle schlafenden Knoten bei jeglicher Busaktivität aufwachen müssen. Es definiert jedoch keine Situationen, in denen Knoten dauerhaft aktiv sein müssen, auch wenn dies durch geläufige Netzwerkmanagement-Mechanismen (z. B. von AUTOSAR) gefordert wird. Damit ist das Schlafobjekt von High- und Low-Speed CAN ein anwendungsabhängiges, lokales Ereignis. Das Weckobjekt ist jegliche Busaktivität.

Für Single-Wire CAN nach der SAE J2411 ergibt sich das Schlafobjekt analog zu High-Speed CAN. Der Schlafzustand wird optional nur durch Anlegen einer hohen Spannung unterbrochen. Damit ist das Weckobjekt ein dedizierter, vom restlichen Busverkehr unabhängiger Weckpegel.

Im Gegensatz zu CAN sieht die LIN-Spezifikation vor, dass alle Slaves bei aktivem Bus durch den Master adressiert werden können. Ein Schlafzustand kann also nur bei

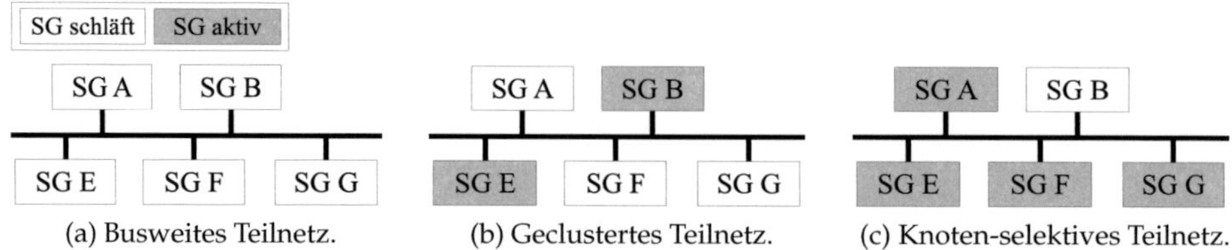

Abbildung 3.4.: Die drei Granularitätsklassen vernetzungsbasierter Teilnetze.

inaktivem Bus eingenommen werden. Jeder LIN-Knoten kann einen inaktiven Bus durch Anlegen eines Wecksignals aufwecken. Damit ist das Schlafobjekt von LIN der durch den LIN-Master vorgegebene Buszustand, das Weckobjekt ist das LIN-Wecksignal.

Für FlexRay wird ein Buswecken nur durch Aussendung des FlexRay Wakeup-Patterns garantiert. Da das Pattern aber häufig in regulärer Kommunikation fehldetektiert wird (vgl. Abschnitt 2.6.2.2), weckt auch normale Busaktivität. Wie bei CAN existiert kein durch die Spezifikation ausgeschlossener Zustand, in den ein Knoten nicht schlafen gehen darf. Damit ist das Weckobjekt von FlexRay jegliche Buskommunikation, das Schlafobjekt ist ein applikationsabhängiges Ereignis eines FlexRay-Knotens.

3.3.1.2. Granularität von Teilnetzen

Ein Teilnetz kann drei, in Abbildung 3.4 gezeigte, allgemeine Granularitätsklassen unterstützten. Eine Bustechnologie unterstützt eine Granularitätsklasse, wenn für diese mindestens ein passendes oder feingranulareres Schlaf- und ein Weckobjekt existiert. Da sich die Betrachtung nur auf einen Fahrzeugbus bezieht, wird an dieser Stelle aus Bussicht kein netzwerkweites Teilnetz eingeführt, welches aus über mehrere Busse verteilten Knoten besteht.

Ein **busweites Teilnetz** (vgl. Abbildung 3.4a), in dem stets alle Knoten aktiv sind, sobald mindestens ein Knoten Kommunikation aufnimmt, wird von CAN nach ISO 11989, LIN, MOST und FlexRay unterstützt.

Single-Wire CAN unterstützt ein **geclustertes Teilnetz**, bei der eine Untermenge an Knoten unabhängig vom restlichen Bus schlafen kann. Abbildung 3.4b zeigt ein exemplarisches Cluster. Ein Cluster kann beispielsweise mit einer Fahrzeugfunktion verknüpft werden: wird die Funktion benötigt, müssen alle beteiligten Knoten aktiv sein. In der restlichen Zeit können die Knoten schlafen gehen. Single-Wire CAN ist aufgrund der geringen Bandbreite aber nicht im europäischen Raum verbreitetet und wird im Rahmen dieser Arbeit daher nicht als Lösungsansatz betrachtet.

Der **Knoten-selektive Teilnetzbetrieb** stellt die kleinste Granularitätsstufe dar (vgl. Abbildung 3.4c). Da keine verteilte Abstimmung zur Einnahme des Schlafzustandes von Knoten wie beim geclusterten Teilnetz nötig ist, verspricht die Implementierung von knotenselektiven Teilnetzen die flexibelste Möglichkeit zur adaptiven Abschaltung. Ein selektives Teilnetz könnte natürlich auch durch Bildung eines Clusters mit nur einem Teilnehmer dargestellt werden. Geht man jedoch davon aus, dass nur eine begrenzte Anzahl von Teilnetzen verfügbar ist, ist ein getrennter Ansatz wünschenswert.

Zusammenfassend unterstützten High- und Low-Speed CAN, FlexRay, MOST und LIN heute nur busweite Teilnetze. Für MOST und LIN ist bei günstiger E/E-Architekturauslegung die Verwendung eines busweiten Teilnetzes umsetzbar: da die Busknoten typischerweise stark funktional zusammengehörig sind, ist der Kommunikationsbedarf meist busweit einheitlich. Es existieren also Zustände, in denen kein Busknoten Buskommunikation benötigt. Zusätzlich ist eine Verfeinerung der Teilnetzgranularität für LIN aktuell wirtschaftlich nicht lohnenswert, da pro LIN Knoten nur sehr geringe Einsparungen von ca. 4 mA–8 mA erreichbar sind. Das Potential liegt damit deutlich unter den erreichbaren Einsparungen des Teilnetzbetriebes für CAN und FlexRay.

Für CAN und FlexRay ist der funktionale Zusammenhang über alle Knoten im Allgemeinen deutlich geringer, der zustandsabhängige Kommunikationsbedarf divergiert also stark. Der busweite Schlafzustand ist damit bei aktivem Fahrzeug praktisch nicht einsetzbar, da in aktuellen E/E-Architekturen eine ständige Buslast anliegt. Selbst im inaktiven Fahrzeug entstehen zunehmend Zustände, in denen Knoten zyklisch kommunizieren müssen. Nach aktuellem Stand führt dies zu einem Aufwachen aller Steuergeräte im Fahrzeug. Daher ist die Realisierung von kleineren Teilnetzen für CAN und FlexRay ein wichtiger Stellhebel zur Energieoptimierung von E/E-Architekturen.

Vor diesem Hintergrund wurde in den vergangenen Jahren firmenübergreifend das im nächsten Abschnitt vorgestellte *Partial Networking*-Konzept für CAN entwickelt. Die Entwicklung eines Mechanismus, welcher Knoten-selektive Teilnetze für FlexRay ermöglicht, ist der Kern dieser Arbeit.

3.3.1.3. Trägheit von Teilnetzen

Ein wichtiger Faktor für die Verwendung eines Teilnetzes ist seine Trägheit. Diese bestimmt sich aus der Zeit, die für die Einnahme des Schlafzustandes der Knoten eines Teilnetzes benötigt wird. Der zweite, wesentlich kritischere Anteil, ist Reaktionszeit. Darunter wird die zeitliche Verzögerung verstanden, die zwischen Auftreten eines Weckereignisses eines Teilnetzes und der Aufnahme der Funktions- und Kommunikationsfähigkeit der enthaltenen Knoten liegt.

Ist die Reaktionszeit zu hoch, sinkt das Anwendungspotential eines Teilnetzes, da für viele Anwendungsfälle eine schnelle Reaktion auf Weckereignisse notwendig ist. Eine verzögerte Reaktion bei Betätigung eines Tasters ist beispielsweise ab ca. 100 ms–150 ms durch den Kunden bemerkbar.

Ziel von Teilnetzen ist es, nicht benötigte Steuergeräte in einen energiesparenden Zustand zu überführen. Die Reaktionszeit wird dabei insbesondere durch den jeweiligen Schlafzustand des Microcontrollers bestimmt. Allgemein können zwei unterschiedliche Zustände angenommen werden: der Standby-Betrieb und die Abschaltung des Microcontrollers.

Im **Standby-Betrieb** werden die Microcontroller-Module bestromt, aber nicht getaktet. Wie in Abschnitt 3.2.4 beschrieben, wird dadurch die dynamische Verlustleistung eingespart. Da die Speicherinhalte des Microcontrollers erhalten bleiben, steht nach dem Aufwachen der alte Zustand der Applikation und der BSW-Module zur Verfügung. Zudem entfallen u. a. Einschwingprozesse von PLLs und die Überprüfung und Initialisierung von Speicherbereichen.

Die Dauer zwischen Eintreten eines Weckereignisses und der Wiederaufnahme der Softwareausführung ist damit sehr gering. Im Rahmen des in dieser Arbeit entwickelten Demonstrators liegt die Dauer unter 3 ms. Die für die Wiederaufnahme der Applikation benötigte Zeit ist stark konfigurationsabhängig. Bei optimierter Konfiguration sind Zeiten zwischen 10 ms–20 ms zu erwarten.

Durch **Abschaltung** des kompletten bzw. von Teilen des Microcontrollers können zusätzlich zur dynamischen Verlustleistung auch die statische Verlustleistung eingespart werden. Bei längeren Schlafdauern ergeben sich dadurch deutlich höhere Einsparungen. Die zur Wiederaufnahme der Softwareausführung benötigte Zeit variiert in Abhängigkeit des verwendeten Microcontrollers, liegt aber typischerweise unter 6 ms. Die vollständige Reaktionszeit aus dem abgeschalteten Zustand wird maßgeblich durch die zur Stackinitialisierung- und Speicherüberprüfung benötigte Zeit dominiert und kann im Bereich von 50 ms–200 ms liegen. Damit ist dieser Zustand primär für zeitunkritische Abschaltszenarien geeignet.

Im Falle des CAN-Teilnetzbetriebs ist der Knoten während des Schlafbetriebs nicht empfangsbereit. Daher muss nach Wiederaufnahme des Betriebs zuerst der Empfang aller relevanten Nachrichten erfolgen, bis die Applikationssoftware wieder korrekt ausgeführt werden kann. Die Zykluszeiten der entsprechenden Frames liegen typischerweise zwischen 10 ms–200 ms, die Reaktionszeit verlängert sich entsprechend.

Die erreichbaren Einsparungen der unterschiedlichen Ansätze variieren je nach Hersteller und Zielanwendung des Microcontrollers stark, daher können keine allgemeinen Verbrauchswerte angegeben werden. Am Beispiel eines Microcontrollers mit einer maximalen Stromaufnahme von über 240 mA ist im Standby-Mode aber beispielsweise durch den kompletten Stopp der Taktversorgung eine Betriebsstromreduktion auf unter 10 mA erreichbar. Durch Abschaltung von Chip-Regionen können sogar Stromaufnahmen von unter 3 mA erreicht werden.

Der für ein Teilnetz geeignete Schlafzustand ist stark von den Reaktionszeitanforderungen des Abschaltszenarios, der zu erwartenden Schlafdauer und der Weckhäufigkeit abhängig. Da insbesondere beim Start aus dem uninitialisierten Zustand die Prozessorlast für die Initialisierung typischerweise hoch ist und zudem häufig Selbsttests von Komponenten des Steuergeräts ausgeführt werden, ergibt sich pro Aktivierung eine erhöhte Energieaufnahme. Liegt die Steigerung des Energiebedarfs über der während des Schlafzustandes eingesparten Energie, ist die Verwendung des Teilnetzes kontraproduktiv.

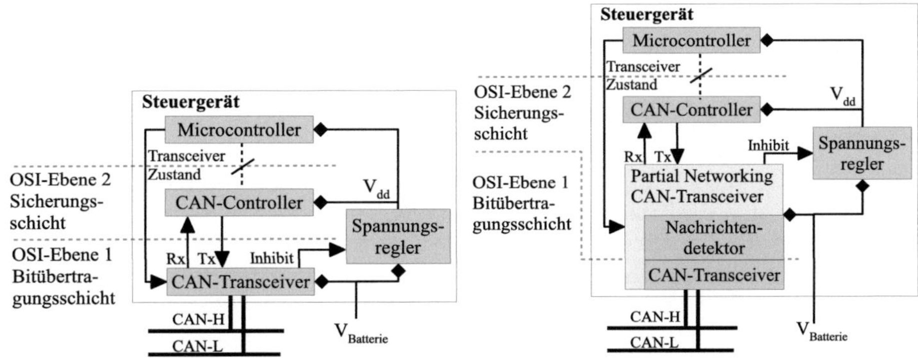

(a) Steuergerät mit regulärem CAN-Transceiver. (b) Steuergerät mit PN-CAN-Transceiver.

Abbildung 3.5.: Vereinfachter Steuergeräteaufbau mit und ohne Partial Networking-fähigem CAN-Transceiver.

3.3.2. Partial Networking: geclusterte Knotenabschaltung für CAN

Für CAN wurde in den vergangenen Jahren ein Transceiver-basierter, geclusterter Teilnetzbetrieb—dem *Partial Networking* (PN) oder CAN-Teilnetzbetrieb—entwickelt [FSG10, EH10, MEL11a]. Eine neue Generation von Partial Networking-fähigen CAN-Transceivern ist in Vorbereitung, die zusätzlich zum bisherigen Ruhezustand, der bei jeglicher Busaktivität beendet wird, auch einen PN-Schlafzustand unterstützen. Dabei reagiert der Transceiver nur noch auf eine vorher definierte Wecknachricht mit einer bestimmten Bitkonfiguration in der Payload. Steuergeräte können damit bei aktivem CAN-Bus schlafen gehen, andere Teilnehmer können schlafende Knoten bei Bedarf durch den Versand der Wecknachricht aufwecken.

In Abbildung 3.5 sind die vereinfachten Blockschaltbilder von Steuergeräten mit herkömmlichen Transceivern und PN-CAN-Transceivern dargestellt. Regulärer CAN-Transceiver fungieren ausschließlich als Signalwandler, deren Funktionalitäten ist also auf der OSI-Ebene 1 angesiedelt. Die wesentliche Erweiterung der PN-CAN-Transceiver findet sich in der Integration der für den Frame-Empfang notwendigen Anteile des CAN-Protokolls (OSI-Ebene 2). Damit können PN-CAN-Transceiver, zusätzlich zu den regulären Betriebsmodi herkömmlicher CAN-Transceiver, Frames in einem neuen PN-Schlafzustand bitgenau dekodieren und auf Weckanforderungen filtern.

Ein Hauptvorteil ist der aus Hardwaresicht minimale Änderungsbedarf. Angekündigte PN-CAN-Transceiver sind pinkompatibel zu regulären CAN-Transceivern und können daher ohne Änderung des Steuergeräte-Layouts eingesetzt werden. Auf Softwareebene sind jedoch wesentliche Änderungen vorzunehmen.

PN-fähige Transceiver erlauben die Konfiguration eines Frame-ID-Bereichs und einer Bitmaske. Im PN-Schlafbetrieb wird die Payload von Frames, deren ID im konfigurierten Bereich liegen, mit der Bitmaske logisch „verUNDet". Ist der Rückgabewert ungleich „0", löst der Transceiver ein Weckereignis aus. Damit wird ein neues PN-CAN-Weckobjekt eingeführt: valide CAN-Nachrichten mit definiertem ID-Bereich und Bitmuster.

Durch Filterung eines Frame-ID-Bereichs, anstelle einer einzigen ID, können unterschiedliche Knoten Wecknachrichten versenden. Durch die Konfigurierbarkeit einer Bitmaske wird die Funktionalität im Vergleich zur Weckfähigkeit von Single-Wire CAN nochmals deutlich gesteigert: die einzelnen Bits im zu filternden Datenbereich können beispielsweise unterschiedlichen PN-Clustern—im Folgenden auch CAN-Teilnetzen genannt—zugeordnet werden. Im Gegensatz zum Single-Wire CAN ist auf Hardwareebene also nicht nur ein Cluster darstellbar.

Indem kein musterbasierendes Verfahren wie bei FlexRay, sondern eine bitgenaue Detektion verwendet wird, kann zudem die Auslösung eines Fehlweckens vermieden werden. Erste Fahrzeuge mit PN-CAN-Transceivern werden ab 2015 erwartet.

Der Transceiver-basierte Teilnetzbetrieb weist einen wesentlichen Nachteil auf: da schlafende Knoten ihren Sendebetrieb unterbrechen, hat er die Anpassung aller funktional abhängigen Knoten zur Konsequenz, auch wenn nur ein Teil der Knoten den neuen Schlafzustand verwendet. Zudem ist die Erweiterung um eine zusätzliche Filtermöglichkeit des Transceivers nur für CAN und nicht für FlexRay technisch sinnvoll umsetzbar. Dies liegt zum einen an der geringeren Komplexität des CAN-Protokolls und zum anderen am geringeren Systemtakt des Protokolldecoders: 8 MHz für CAN und 80 MHz für FlexRay. Beides würde unvertretbar komplexere FlexRay-Bustreiber erfordern, um einen vergleichbaren Mechanismus abzubilden.

3.3.3. Integration von CAN-Teilnetzen in den Entwicklungsprozess von E/E-Architekturen

Das Ziel von CAN-Teilnetzen ist es, Steuergeräte möglichst häufig in einen Schlafzustand zu überführen. Da die Knoten in diesem Zustand nicht sendefähig sind, ergeben sich Auswirkungen auf das gesamte Netzwerk.

In aktuellen E/E-Architekturen wird ein Ausbleiben von Signalen als Fehler gewertet. Der Status eines Teilnetzes muss daher netzwerkweit bekannt sein, um ein aus dem Schlafzustand von Knoten resultierendes Ausbleiben der Nachrichten nicht irrtümlicherweise als Fehler zu werten. Zur Steigerung der Wiederverwendbarkeit sollte zudem die Anforderung von Teilnetzen standardisiert werden.

Beide Anforderungen wurden im Rahmen des ebenfalls Partial Networking genannten AUTOSAR-Konzeptes umgesetzt. SW-Cs können, vergleichbar zur bisherigen Anforderung des Kanalzustandes, den Bedarf eines Teilnetzes über User melden (vgl. Abschnitt 2.7.5). Der Anforderungsstatus aller definierten CAN-Teilnetze wird

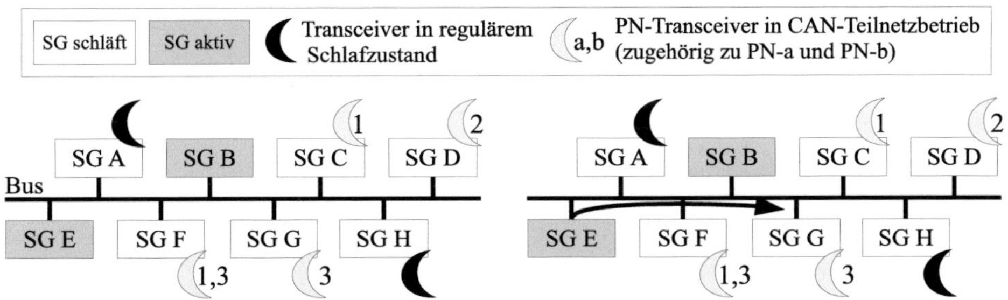

(a) CAN-Bus mit 8 Knoten. Knoten A und H befinden sich im bisherigen CAN-Schlafzustand. Knoten C, D F und G gehören unterschiedlichen Teilnetzen an und sind im neuen Partial Networking (PN) Schlafmodus.

(b) Knoten E versendet einen regulären CAN Frame...

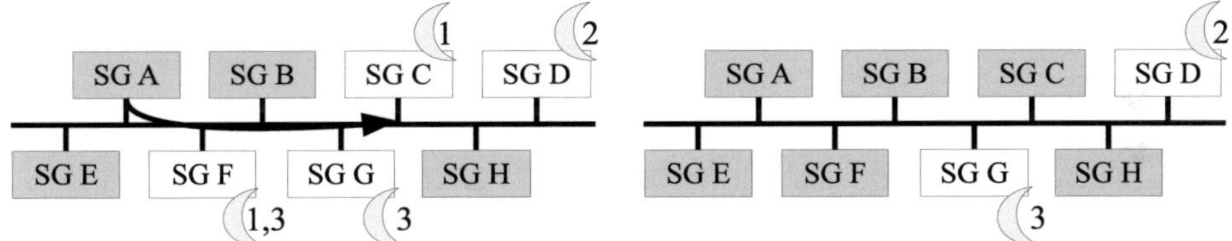

(c) ...welches zur Aktivierung von A und H führt. Die im PN-Schlaf befindlichen Knoten sind nicht betroffen. Bei einer Anforderung von PN-1 durch Knoten A...

(d) ...wachen C und F auf. D und G ignorieren die PN-Anforderung, da sie lt. Konfiguration nicht zu PN-1 zugehörig sind.

Abbildung 3.6.: Beispielhafte Anwendung des CAN-Teilnetzbetriebs mit drei unterschiedlichen Teilnetzen.

auf Basis der Anforderungen in der Basissoftware ermittelt und über die Netzwerkmanagementnachricht verteilt.

In Abbildung 3.6 ist die Verwendung von Teilnetzen beispielhaft dargestellt. Die über einen CAN-Bus verbundenen Knoten sind in drei CAN-Teilnetze eingeteilt. Knoten C, D, F und G gehören zu mindestens einem der drei PNs und befinden sich in Abbildung 3.6a im PN-Schlafzustand. Zudem sind Knoten A und H im regulären Schlafbetrieb. Sendet z. B. Knoten E einen CAN-Frame, wachen Knoten A und H auf, da reguläre CAN-Transceiver durch jegliche Busaktivität geweckt werden (vgl. Abbildung 3.6b). Die PN-fähigen CAN-Transceiver ignorieren den Busverkehr, die entsprechenden Knoten bleiben in ihrem Schlafzustand. In Abbildung 3.6c, fordert Knoten A PN-1 an. Die Transceiver von Knoten C und F erkennen die Anforderung und wecken das Steuergerät. Knoten D und G ignorieren die Anforderung, da die Transceiver gemäß ihrer Konfiguration nicht zu PN-1 zugehörig sind.

Die unterschiedlichen Teilnetze können z. B. auf Fahrzeugsysteme verteilt werden. Benötigt ein Knoten ein bestimmtes System, muss er das dazugehörige Teilnetz anfordern. Wird ein Teilnetz von keinem Knoten angefordert, können die enthaltenen

Knoten in einen Schlafzustand wechseln, wenn keine lokalen Aktionen notwendig sind und der Knoten nicht zusätzlich einem noch weiterhin angeforderten Teilnetz angehört. Für dieses Vorgehen müssen sämtliche CAN-Teilnetze zur Systemdesignzeit bekannt und eindeutig identifizierbar sein.

Die in den letzten Jahren gesammelte Erfahrung im Umgang mit CAN-Teilnetzen zeigt, dass die Integration in existierende E/E-Architekturen eine entwicklungsbereichsübergreifende Herausforderung darstellt. Da aus Komplexitätsgründen die Anzahl der verschiedenen Teilnetze nicht zu hoch sein sollte, muss die Definition der Teilnehmer und Abschaltszenarien der einzelnen PNs genau abgestimmt werden, um zu vermeiden, dass durch ungünstige Überlagerung von Netzen keine Abschaltung möglich ist. Um einen häufigen Änderungsbedarf von Knoten zu vermeiden, müssen die definierten CAN-Teilnetze zudem langfristig stabil sein. Erste Ansätze zur Verwaltung und zur Integration von Teilnetzen werden in [FSG10] diskutiert. AUDI geht selbst für die Einführung von unter 10 Teilnetzen von einer Verdoppelung der Vernetzungstests bei der Systemintegration aus [MEL11b].

3.3.4. Anwendbarkeit von Teilnetzen auf FlexRay

Der Transceiver-basierte Partial Networking-Ansatz ist aufgrund der hohen Protokollkomplexität und Datenrate nicht auf FlexRay übertragbar. Zukünftig werden aber auch FlexRay-Knoten zunehmend von Standszenarien betroffen sein. Die Stromaufnahme der in FlexRay-Steuergeräten verwendeten Microcontrollern liegt deutlich über den durchschnittlichen Leistungswerten von CAN-Microcontrollern. Damit verspricht eine Umsetzung einer adaptiven Abschaltung von FlexRay-Knoten ein hohes Einsparpotential.

In dieser Arbeit wurde ein entsprechendes Hardwarekonzept definiert und abgesichert: der *Intelligente Kommunikationskontroller* (ICC). Der ICC kann als Erweiterung des existierenden FlexRay Kommunikationskontroller (CCs) um zusätzliche, auf Hardwareebene implementierte Funktionen verstanden werden. Der ICC kann autonom, d. h. insbesondere bei schlafender oder deaktivierter CPU:

- Weckereignisse auf Basis des regulären Busverkehrs erkennen, d. h. ohne die Notwendigkeit einer expliziten Anforderung durch andere Knoten.

- relevante Nachrichten in einen internen Puffer speichern, so dass die Nachrichten nach einem Weckereignis mit minimaler Verzögerung durch die Software ausgelesen werden können.

- weiterhin statische Nachrichten mit einer definierten Zykluszeit und Payload verschicken, um Timeoutfehler in anderen Knoten zu vermeiden.

Die Funktionen des ICCs vereinfachen die Umsetzung einer selektiven Deaktivierung von FlexRay-Knoten in kommenden E/E-Architekturen deutlich, da die Steigerung der Systemkomplexität, insbesondere im Vergleich zu CAN-Teilnetzbetrieb, gering ist. Eine detaillierte Vorstellung des Konzeptes erfolgt in Kapitel 4.

3.4. Bewertung der verschiedenen Ansätze

In den vorherigen Kapiteln wurden verschiedene knotenlokale und vernetzungsbasierte Ansätze zur Energieoptimierung von E/E-Architekturen identifiziert:

- die funktionsspezifische Optimierung einzelner **Steuergerätekomponenten**.

- die **Microcontrolleroptimierung** einzelner Knoten, d. h. Nutzung der durch den Microcontroller unterstützten Energiesparmechanismen.

- die Optimierung der **Leistungsverteilung** pro Knoten, also beispielsweise die Verwendung von effizienteren Spannungsreglern und Leistungstreibern.

- die Einführung eines zusätzlichen **Niederspannungs-** (unter 12 V) und **Hochvoltnetzes** (ab 40 V).

- aus Vernetzungssicht, die bereits heute realisierbare **busweite Abschaltung** von Knoten für CAN, FlexRay, LIN und MOST.

- die Abschaltung von Steuergeräten über **Weckleitungen** und **Klemmen**.

- die Verwendung von **Partial Networking** für CAN.

- sowie die Verwendung eines neuen Hardwarekonzeptes zur adaptiven, selektiven Abschaltung von FlexRay-Knoten: dem **ICC-Konzept**.

Die Bewertung der Ansätze erfolgt in den nächsten Abschnitten anhand folgender allgemeiner Kriterien:

- das **Einsparpotential** bewertet die durch einen Ansatz erreichbaren Einsparungen, bezogen auf die durchschnittlich zu erwartende Leistungsaufnahme eines Knotens.

- das **Anwendungspotential** gibt an, mit welcher Häufigkeit ein Ansatz bei aktivem Fahrzeug, d. h. insbesondere bei aktivem Busverkehr, verwendet werden kann.

- die für die Verwendung eines Ansatzes zu erwartenden **Mehrkosten** pro Knoten beziehen sich ausschließlich auf die Fertigungskosten, welche sich auf Basis der Teilepreise ergeben.

- die auf die E/E-Infrastruktur bezogenen **Systemkosten** (beispielsweise Mehrgewicht- und Kosten des Kabelbaums), welche ebenfalls keine Entwicklungskosten beinhalten.

- die Steigerung der **Systemkomplexität** dient als Maß für die entstehenden Entwicklungs-, Implementierungs- und Absicherungsaufwände bezogen auf die gesamte E/E-Architektur.

- analog zur Systemkomplexität werden die Aufwände für ein einzelnes Steuergerät durch die **Knotenkomplexität** bewertet. Hiervon werden auch höhere Entwicklungskosten abgedeckt.

Der Aufbau und die Anforderungen an Steuergeräte sind entsprechend der jeweiligen Anwendungsgebiete sehr unterschiedlich. Daher sind die Kriterien bewusst allgemein gehalten. Entsprechend ist die Bewertung primär aus Sicht der E/E-Architekturentwicklung zu sehen und hat nicht das Ziel, eine detaillierte Analyse pro Steuergerät zu ersetzten.

3.4.1. Bewertung von funktionsspezifischen, lokalen Ansätzen

Zusammenfassend ergibt sich für die funktionsspezifischen, lokalen Ansätze ein sehr variables Einsparpotential, welches im Allgemeinen direkt von der Leistungsaufnahme der einzelnen Knoten abhängt. Das Anwendungspotential der Maßnahmen ergibt sich dabei im Falle einer optimierten Leistungsverteilung und Spannungsversorgung sowie bei Verwendung effizienterer Komponenten unmittelbar. Für die Microcontrolleroptimierung ist das Einsparpotential stark implementierungsabhängig.

Ebenso hängt das Anwendungspotential einer Microcontrolleroptimierung direkt von der Umsetzung ab, während die restlichen Ansätze implizit zur Anwendungen kommen.

Mit Ausnahme der kostenneutralen Microcontrolleroptimierung schwanken die Mehrkosten lokaler Maßnahmen stark in Abhängigkeit des Aufbaus einzelner Steuergeräte. Energieeffizientere Komponenten sind meist komplexere und damit teurere Bauteile. Die Verwendung von Schaltreglern und Einführung einer neuen Spannungsebene steigert die Anzahl der benötigten Komponenten und erhöht damit die Fertigungskosten eines Steuergerätes.

Die Einführung einer geringen Versorgungsspannung ist mit Berücksichtigung der Systemkosten nicht fahrzeugweit einführbar. Im Gegensatz dazu ist eine auf wenige Knoten ausgebreitete Hochspannungsebene sinnvoll. Die restlichen Ansätze haben keinen Einfluss auf die Systemkosten.

Lokale Maßnahmen haben keine oder nur geringe Auswirkungen auf die Systemkomplexität. Die Verwendung von Microcontrolleroptimierungen erfordert aber zumeist eine deutliche Komplexitätssteigerung pro Knoten.

3.4.2. Bewertung von vernetzungsbasierten Ansätzen

Die diskutierten existierenden Mechanismen zur Abschaltung von Steuergeräten im Fahrzeug sind historisch bedingt stark auf das inaktive Fahrzeug ausgerichtet. Mit Ausnahme des selektiven Schlafmechanismus von Single-Wire CAN sind die Abschaltmechanismen heutiger Bussysteme daher durchweg auf eine busweit gestoppte Kommunikation angewiesen und damit für aktuelle und zukünftige E/E-Architekturen nicht geeignet. Unter Berücksichtigung zukünftiger Nutzungsszenarien, wie beispielsweise dem Nachladen der Hochvoltbatterie eines Fahrzeugs mit hybridem oder reinelektrischem Antriebsstrang sowie dem Zugriff auf das Fahrzeug per Internet, wird sich diese Einschränkung zunehmend auch im bislang unkritischen Standbetrieb negativ auswirken.

Eine Deaktivierung über busunabhängige Mechanismen stellt keine Alternative dar. Die Verwendung von Klemmen erlaubt einerseits keine hinreichend feingranulare Einteilung nach Fahrzeugzuständen. Die Verwendung von Weckleitungen zur großflächigen, bedarfsabhängigen Abschaltung von Steuergeräten steigert andererseits die Systemkomplexität erheblich. Beide Mechanismen erfordern zudem zusätzliche Verkabelung und Bauteile. Dies erhöht Fahrzeuggewicht und Produktionskosten.

Die vernetzungsbasierte Abschaltung über Bussysteme bietet ein sehr hohes Einsparpotential, da im Idealfall nur der Transceiver oder ICC aktiv sind, um Weckereignisse zu detektieren. Die busweite Abschaltung kommt heute bereits bei inaktivem Fahrzeug zum Einsatz, bietet aber bei aktivem Fahrzeug fast kein Potential zur Anwendung. Die geplante Einführung des in den vergangenen Jahren entwickelten CAN-Teilnetzbetriebes, bietet zukünftig eine flexiblere Lösung für CAN-Steuergeräte.

Die zu erwartenden Reaktionszeiten eines schlafenden PN-Knoten (Standby) liegt in einer Größenordnung von 10^2 ms. Bei Rückkehr aus dem abgeschalteten Zustand werden typsicherweise 100 ms–200 ms benötigt, bis die Applikationssoftware wieder vollständig ausführbar ist. Zudem muss auf den Empfang aller für den Steuergerätekontext relevanter Nachrichten gewartet werden. Damit ist der CAN-Teilnetzbetrieb nicht für hochfrequente Abschaltszenarien oder Szenarien, in denen eine niedrige Reaktionszeit benötigt wird, geeignet. Dies schränkt das Anwendungspotential insbesondere im Fahrbetrieb ein.

Partial Networking ist jedoch sehr gut für Standszenarien geeignet, in denen nur eine geringe Anzahl von Knoten für die Ausführung eines Fahrzeugsystems benötigt wird. Neben den erreichbaren Leistungseinsparungen kann zudem die Lebensdauer der nicht benötigten Steuergeräte erheblich gesteigert werden. Dies ist insbesondere für Ladeanwendungen wichtig, in denen sehr hohe Betriebszeiten zu erwarten sind.

Aufgrund der hohen Flexibilität bei der Filterung von Weckgründen und der niedrigen Reaktionszeit auf Weckereignisse ist das Anwendungs- und damit auch das Einsparpotential des ICC-Konzeptes sehr hoch.

Eine busweite, Transceiver-basierte Abschaltung ist Stand der Technik und damit kostenneutral. Für Partial Networking entstehen durch Verwendung eines neuen Transceivers sehr geringe, nahezu konstante Mehrkosten pro Knoten. Das ICC-Konzept ist zwar nicht im Transceiver umsetzbar, die zusätzlich benötigten Ressourcen des ICCs sind im Vergleich zum sehr komplexen CC aber gering.

Auf Systemebene ergeben sich für den Ansatz der heutigen busweiten Abschaltung, dem CAN-Teilnetzbetrieb und dem ICC-Konzept keine Mehrkosten, da diese über bestehende Netzwerkressourcen umsetzbar sind.

Eine wesentlicher Nachteil des CAN-Teilnetzbetriebes ist der erheblichen Änderungsaufwand aller an einem Teilnetz beteiligten Knoten: da schlafende PN-Knoten nicht mehr sendefähig sind, müssen—neben den eigentlichen im CAN-Teilnetz enthaltenen Teilnehmern—zusätzlich alle Steuergeräte angepasst werden, welche Signale eines potentiell schlafenden PN-Knoten empfangen.

Einerseits muss in den betroffenen Knoten die Timeout-Überwachung für Signale deaktiviert werden, deren zugehöriges Teilnetz inaktiv ist. Andererseits müssen Knoten Teilnetze anfordern können, wenn sie enthaltende Signale benötigen. Die Verwaltung der Zugehörigkeiten von CAN-Teilnetzen zu betroffenen Signalen und die Integration der Anforderungsmechanismen in die Applikationssoftware erfordern einen hohen Entwicklungs- und Verwaltungsaufwand.

Die Systemkomplexität steigt damit durch Partial Networking erheblich. Die Verwendung von CAN-Teilnetzen muss in der E/E-Architekturentwicklung bereits in einem frühen Stadium berücksichtigt werden. Für eine effiziente Nutzung von Partial Networking müssen insbesondere die Verteilung von Systemfunktionen und die Auslegung der Kommunikationsbeziehungen berücksichtigt werden.

Im Gegensatz dazu ist die Komplexitätssteigerung von Partial Networking pro Knoten gering. Durch Bereitstellung von standardisierten Diensten in der AUTOSAR-Basissoftware, welche beispielsweise auf Basis einfacherer Anforderungen der Softwarekomponenten die Verwaltung von CAN-Teilnetzen übernehmen, kann der Aufwand pro Knoten deutlich reduziert werden.

Auf Systemseite muss die Konfiguration des ICCs berücksichtigt werden, zudem steigt auch hier der Absicherungsaufwand. Der Anpassungsbedarf der Steuergerätesoftware entsteht durch die geplante Integration in die BSW ebenfalls auf Applikationsseite. Die Realisierung eines energieeffizienten Schlafzustandes erfordert eine geeignete Microcontrollerarchitektur und muss zudem konfiguriert werden.

Zusammenfassend kann durch eine vernetzungsbasierte Abschaltung von Knoten über Teilnetze bei geringen Mehrkosten pro Knoten eine knotenabhängige, variable Energieeinsparung erreicht werden. Der CAN-Teilnetzbetrieb erfordert hohe Anpassungsaufwände auf Systemebene und ist im Fahrbetrieb aufgrund hoher Reaktionszeiten nur bedingt einsetzbar. In Standszenarien ist jedoch von einem sehr hohen Potential auszugehen. Der Anpassungsaufwand der Steuergerätesoftware beschränkt sich aufgrund der Standardisierung von Partial Networking in der AUTOSAR-Basissoftware primär auf die Integration in die Applikationssoftware. Die Kosten und Hardwareaufwände sind als sehr gering zu bewerten, da sich der Änderungsbedarf auf den Transceiver beschränkt und die existierenden, für die busweite Deaktivierung bestimmten Abschaltmechanismen, wiederverwendet werden können.

Auch die Einführung des ICC-Konzeptes zur Umsetzung von Knoten-selektiven Teilnetzen erfordert zusätzlichen Konfigurations- und Absicherungsaufwand auf Systemebene.

Im Gegensatz zu den ebenfalls erfolgversprechenden Ansätzen der lokalen Optimierung liegt die Definition und Verwaltung von Teilnetzen jedoch im originären Verantwortungsbereich des OEMs. Es ist daher langfristig davon auszugehen, dass die durch Integration von Teilnetzen gesammelten Erfahrungen einen hohen Wiederverwendbarkeitswert haben und, vergleichbar zur Verwendung von Bussystemen in den letzten Jahrzehnten, zunehmend besser beherrschbar wird.

Fahrzeugzustand	Anteil	Beispiel
Tag	10%	Abblendbare Spiegel
Außentemperatur > 40° C	5%	Airscarf
Fzg. in Stopp/Start	30%	Totwinkelassistent
v = 0 km/h	25%	Bremsassistent
0 km/h < v < 30 km/h	25%	Spurwarner
v > 40 km/h	10%	Einparkhilfe
Fzg. leer, Zündung an	45%	Presafe
Laden der Hochvoltbatterie	40%	Distronic
Zündung aus	55%	Fußgängeraufprallschutz

Tabelle 3.2.: Anteil von angeforderten Fahrzeugsystemen eines Oberklassefahrzeuges, welche aufgrund des Fahrzeug- oder Umgebungszustandes abgeschaltet werden können.

3.5. Theoretische Abschätzung des Einsparpotentials

Zur theoretischen Abschätzung des Einsparpotentials durch eine adaptive, bedarfsabhängige Knotenabschaltung ist eine detaillierte Betrachtung der verschiedenen auf Funktionen aufgeteilten Fahrzeugsysteme notwendig. Nur wenn alle auf einem Steuergerät ausgeführten Funktionen nicht benötigt werden, ist eine Deaktivierung des Steuergerätes möglich. Im Folgenden wird beschrieben, wie eine Analyse des Bedarfs von Fahrzeugsystemen in Abhängigkeit verschiedener Umwelt- und Fahrzeugzustände vorgenommen werden kann. Anschließend wird auf Basis eines aktuellen Fahrzeuges der oberen Mittelklasse abgeschätzt, welche minimalen Einsparungen durch eine adaptive Abschaltung von Steuergeräten erreicht werden können.

3.5.1. Systembewertung

Im Rahmen der Arbeit wurde eine detaillierte Analyse der Fahrzeugsysteme eines kommenden Oberklassefahrzeuges durchgeführt. Dabei wurde für jedes System überprüft, unter welchen Randbedingungen dessen Ausführung gestoppt werden kann. Hierbei wird stets von einem vom Nutzer angefordertem (z. B. aktive Sitzheizung), bzw. nicht deaktivierbarem System (z. B. ABS) ausgegangen, da ein nicht angefordertes System per Definition abschaltbar ist.

So können beispielsweise alle für die Sitzheizung benötigten Funktionsanteile gestoppt werden, wenn die Sitzheizung nicht aktiv ist. Ist die Sitzheizung vom Nutzer angefordert, kann sie je nach Auslegung trotzdem über einer gewissen Außentemperatur abgeschaltet werden. Der Nachtsichtassistent ist trotz Anforderung durch den Fahrer nur unter einem bestimmten Helligkeitswert aktivierbar, Fahrassistenzsysteme wie ABS oder ESP werden bei Stillstand des Fahrzeug nicht benötigt und könnten im Stand deaktiviert werden.

In Tabelle 3.2 ist der Anteil abschaltbarer Systeme für verschiedene Fahrzeug- und Umgebungszustände inklusive Beispiel aufgeführt. Der Anteil gilt jeweils exklusiv für den jeweiligen Zustand. Bei Überlappung der Zustände können die Anteile also nicht aufsummiert werden. Erwartungsgemäß ist insbesondere im Stand und beim Laden der Hochvoltbatterie eines Fahrzeugs ein Großteil der Systeme deaktivierbar.

Für viele Fahrzeugzustände ist weiterhin eine Auftretenswahrscheinlichkeit bestimmbar. So kann z. B. die Häufigkeit bestimmter Geschwindigkeitsbereiche ermittelt werden. Für den Fahrbetrieb von Kunden können dazu statistische Daten verwendet werden, welche eine Aussage über die allgemeine, ortsunabhängige Geschwindigkeitsverteilung erlauben.

Für den OEM relevant ist vor allem der Kraftstoffverbrauch, der in durch den Gesetzgeber vorgegebenen Fahrzyklen gemessen wird. Abbildung 3.7a zeigt beispielsweise den vorgeschriebenen Geschwindigkeitsverlauf des in der EU verwendeten NEFZ [Eur99]. In Abbildung 3.7b ist dargestellt, wie häufig sich das Fahrzeug während des Zyklus über einer gegebenen Geschwindigkeit bewegt. Der Zustand „Fahrzeug steht" wurde dabei separat gewertet und tritt im NEFZ mit einer Häufigkeit von 24% auf. In den restlichen Phasen ergibt sich für ein System, welches z. B. über 30 km/h nicht benötigt wird, ein Abschaltpotential von über 70%.

Bezüglich der Übertragbarkeit des Fahrzyklus auf das Fahrverhalten von regulären Nutzern sei angemerkt, dass der Geschwindigkeitsbereich des NEFZ auf maximal 120 km/h begrenzt ist und die akkumulierte Häufigkeit bereits ab ca. 40 km/h deutlich von Verteilungen abweicht, die auf Basis von über einer Million in Kundenfahrzeugen aufgezeichneten zurückgelegten Kilometern gebildet wurden. Im realen Fahrgeschehen ist die Verteilung stark in Richtung höherer Geschwindigkeiten verschoben.

Unabhängig von einer statischen Verteilung erlauben neue vorausplanende Systeme zusätzlich auch während der Fahrt eine Prädiktion des folgenden Streckenprofils, auf Basis dessen der Bedarf von Systemen und die zu erwartende Fahrzeuggeschwindigkeit abgeschätzt werden können. Zudem ist die für die Bewertung getroffene konservativ Annahme, dass stets alle Systeme angefordert sind, unwahrscheinlich. Damit ist zu erwarten, dass das ermittelte Abschaltpotential im Fahrbetrieb höher liegt.

3.5.2. Abschätzung

Zur theoretischen Bewertung des Nutzens einer knotenselektiven Abschaltung im Vergleich zum heutigen Stand einer stets fahrzeugweiten Aktivität aller Knoten, wird im Folgenden abgeschätzt, wie häufig die Steuergeräte eines Fahrzeuges in zwei unterschiedlichen Szenarien A und B nicht benötigt werden. Als Grundlage für die der Bewertung zugrunde liegende E/E-Architektur und Systemfunktionen wird von einem hybridisierten Fahrzeug der oberen Mittelklasse mit insgesamt 42 CAN- und MOST-Steuergeräten ausgegangen. LIN-Knoten werden aufgrund der sehr niedrigen Leistungsaufnahme von ca. 4 mA–8 mA pro Knoten nicht berücksichtigt. Da

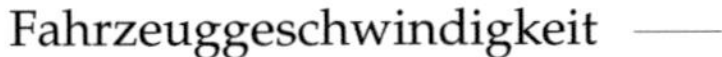

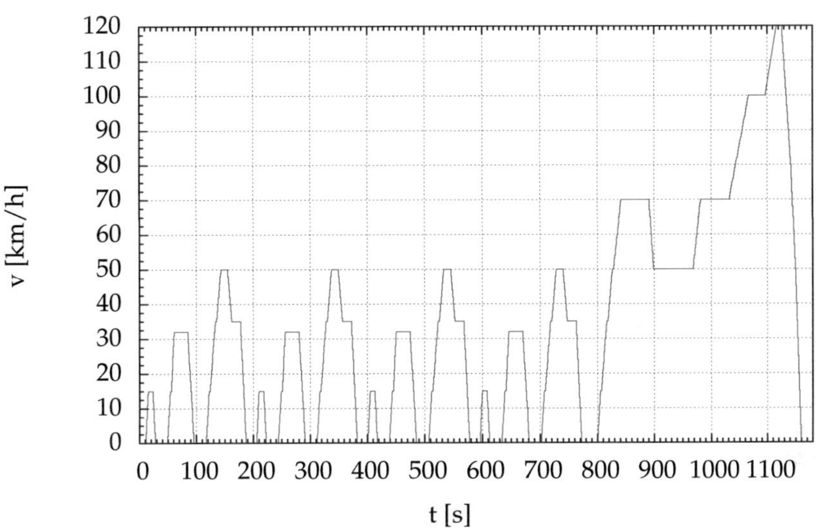

(a) Geschwindigkeitsverlauf des NEFZ.

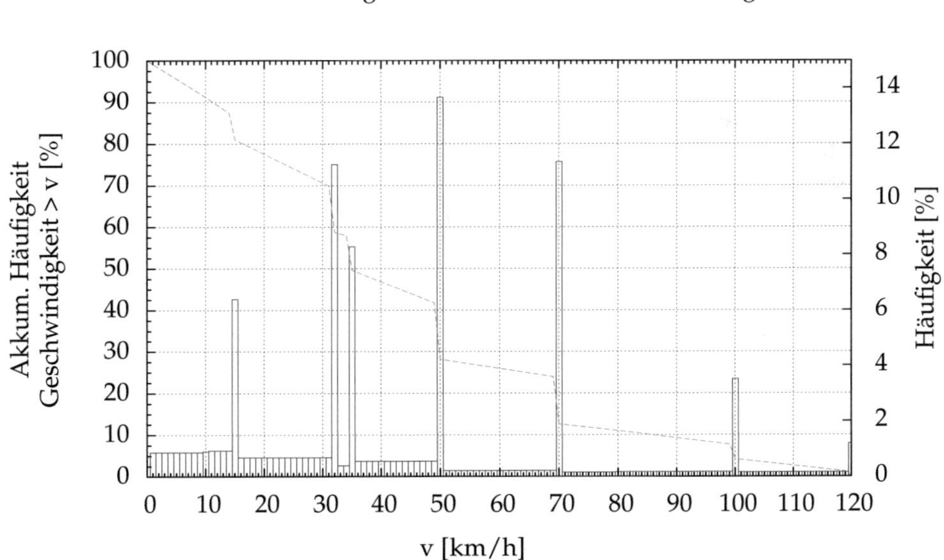

(b) Verteilung der Geschwindigkeit ohne Berücksichtigung von Stillstandsphasen.

Abbildung 3.7.: Verlauf und Verteilung der Fahrzeuggeschwindigkeit im NEFZ.

zum Zeitpunkt der Erstellung der Arbeit kein Fahrzeug der Daimler AG mit Flex-Ray-Bus auf dem Markt ist und damit keine detaillierte Bewertung der Systemarchitektur durchgeführt werden kann, werden für die szenarien-basierte Abschätzung keine FlexRay-Knoten berücksichtigt.

Die potentiellen Einsparungen einer adaptiven Knotenabschaltung hängen stark vom jeweiligen Optimierungsgrad der einzelnen Knoten ab. Da dieser im Zuge der Entwicklung kommender Fahrzeuge kontinuierlich ansteigen wird, beschränken sich die hier ermittelten Einsparungen auf die langfristig zu erwartenden Werte. Dabei wird davon ausgegangen, dass alle Steuergeräte bereits vollständig optimiert sind, d. h. vorübergehend nicht benötigte Peripherie, wie z. B. Sensoren und Aktoren, durch die Applikationssoftware deaktiviert werden. Durch die selektive Abschaltung einzelner Knoten kann damit im Vergleich zum heutigen Stand nur noch der „Kommunikationsstrom" gespart werden, der benötigt wird, um die softwaregesteuerte Kommunikation aufrecht zu erhalten.

Der Kommunikationsstrom variiert in Abhängigkeit der Leistungsfähigkeit des eingesetzten Microcontrollers, welche wiederum vom Einsatzgebiet des jeweiligen Steuergerätes abhängig ist. Gemäß der in Abschnitt 2.5.4 eingeführten Leistungsklassen teilen sich die Steuergeräte des betrachteten Fahrzeuges auf drei Powertrain-ECUs, 14 Steuergeräte der Leistungsklasse „Hoch (CAN)" und 25 Steuergeräte der „mittleren" Leistungsklasse auf. Die niedrige Leistungsklasse wird primär für intelligente Sensoren und Aktoren verwendet, die zumeist über LIN angebunden sind. LIN-Knoten sind, wie Eingangs erläutert, nicht Bestandteil der Abschätzung.

Bei der selektiven Abschaltung eines CAN-Knotens wird von einem durchschnittlichen Ruhestrom $I_{Standby}$ von 0,5 mA ausgegangen. Wie in Abschnitt 2.5.1 beschrieben, dominiert die Verwendung von linearen Spannungsreglern zur Leistungsverteilung in Steuergeräten. Daher wird angenommen, dass die Versorgungsspannung V_{dd} der Microcontroller der durchschnittlichen Bordnetzspannung $V_{Batterie} = 12,6$ V entspricht. Bei Verwendung von Schaltreglern würde sich das ermittelte Potential entsprechend um den Faktor $V_{dd}/V_{Batterie}$ reduzieren.

In Szenario A wird ein dem NEFZ entsprechendes Fahrprofil angenommen. Damit sind z. B. der Geschwindigkeitsverlauf, die Fahrdauer, die Außentemperatur und die Nutzung der Fahrzeugsysteme festgelegt. In Szenario B wird von einem Ladevorgang der Hochvoltbatterie des Fahrzeuges durch eine externe Stromquelle ausgegangen. In Summe können für Szenario A zwei Steuergeräte der Leistungsklasse „Hoch (CAN)" sowie 13 Steuergeräte der Leistungsklasse „mittel" für 80% der Zeit abgeschaltet werden. Die Einparkhilfe kann beispielsweise ab einer gewissen Geschwindigkeit abgeschaltet werden. Die Sitzheizung oder die automatisch dimmenden Spiegel werden während des gesamten Zyklus nicht benötigt.

In Szenario B muss der Ladevorgang der Hochvoltbatterie koordiniert werden. Neben dem Ladezustand der Batterie müssen dabei vor allem die Batterietemperatur überwacht und bei Bedarf durch aktive Klimatisierung geregelt werden. Zusätzlich muss eine Aufprallerkennung aktiv sein, um die Hochspannungskomponenten im Falle einer Beschädigung des Fahrzeuges durch eine externe Quelle zu deaktivieren.

Leistungs-klasse	Typ. I_{dd} [mA]	Szenario A		Szenario B	
		SGs	I^A_{Gesamt}	SGs	I^B_{Gesamt}
Powertrain	400 mA	0	0 mA	2	800 mA
Hoch (CAN)	70 mA	$2 \cdot 0,8$	112 mA	10	700 mA
Mittel	20 mA	$13 \cdot 0,8$	208 mA	23	460 mA
Gesamtes Einsparpotential		$15 \cdot 0,8$	320 mA	35	1960 mA

Tabelle 3.3.: Einsparpotential für ein dem NEFZ entsprechendem Fahrszenario A, in dem ausgehend von insgesamt 42 Steuergeräten (SGs) 15 SGs für 80% der Zeit nicht benötigt werden und einem Ladeszenario B, in dem 35 SGs schlafen können.

Insgesamt können in Szenario B 35 Steuergeräte deaktiviert werden. In Tabelle 3.3 sind die Verteilung sowie die sich ergebenden Einsparungen zusammengefasst.

Die Einsparungen $E_{Szenario\,A}$ bzw. $I_{Szenario\,A}$ für Szenario A berechnen sich auf Basis der Betriebsstromreduzierung I^A_{Gesamt} damit zu:

$$
\begin{aligned}
I_{Szenario\,A} &= I^A_{Gesamt} - I_{Standby} \\
&= (320\,\text{mA} - 15 \cdot 0,8 \cdot 0,5\,\text{mA}) = 314\,\text{mA} & (3.2)
\end{aligned}
$$

$$
\begin{aligned}
E_{Szenario\,A}(t) &= I_{Szenario\,A} \cdot V_{Batterie} \cdot t \\
&= 314\,\text{mA} \cdot 12,6\,\text{V} \cdot t = 3,96\,\text{W} \cdot t & (3.3)
\end{aligned}
$$

Mit der Gesamtdauer des NEFZ von $t_{NEFZ} = 1180$ s und einer Gesamtstrecke von 11 km ergibt sich mit den Ergebnissen aus Gleichung (2.3) und (2.4) aus Abschnitt 2.8.1 die Kraftstoffeinsparung V_{Benzin} und CO_2-Reduzierung m_{CO_2}:

$$
E_{Szenario\,A}(1180\,\text{s}) = 3,96\,\text{W} \cdot 1180\,\text{s} = 1,30\,\text{Wh} \tag{3.4}
$$

$$
V_{Benzin}(1,30\,\text{Wh}) = 377,1\frac{\text{ml}}{\text{kWh}} \cdot 1,30\,\text{Wh} = 0,49\,\text{ml} \tag{3.5}
$$

$$
m_{CO_2}(1,30\,\text{Wh}/11\,\text{km}) = 867,4\frac{\text{g}}{\text{kWh}} \cdot \frac{1,30\,\text{Wh}}{11\,\text{km}} = \frac{1,12\,\text{g}}{11\,\text{km}} \approx 102\frac{\text{mg}}{\text{km}} \tag{3.6}
$$

Bei einer reinen Betrachtung der Kommunikationsenergie ergeben sich damit aus Kundensicht sehr niedrige Einsparungen (vgl. Gleichungen (3.4) und (3.5)). Berücksichtigt man jedoch die ab 2014 geltende Strafsteuer von 95 € pro g CO_2/km, ergeben sich auf OEM-Seite Einsparungen von 9,71 € pro in der EU verkauftem Fahrzeug.

Die Berechnungen basieren auf der Annahme, dass alle Steuergeräte bereits vollständig optimiert sind. In der Realität sind jedoch höhere Einsparungen zu erwarten, da dieser Optimierungsgrad unter Berücksichtigung von Entwicklungs- und Produktionskosten oftmals nicht wirtschaftlich darstellbar ist. Aus Kostensicht bietet hier wie in Abschnitt 3.4.2 beschrieben eine vernetzungsbasierte, Knoten-selektive Deaktivierung wesentliche Vorteile.

In [Hud09a] wurde in einem mit Szenario A vergleichbaren Fall eine Einsparung von 20 W abgeschätzt. Damit würden sich Kraftstoffeinsparungen von 2,47 ml und eine Reduktion von 0,52 g CO_2/km ergeben, was einer Reduktion der OEM-Strafsteuer um 49,11 € entspricht.

Für den Kunden bewegen sich die durch den Ansatz einer adaptiven Knotenabschaltung erreichbaren Kraftstoffeinsparungen im Fahrbetrieb in der Größenordnung von 10^0 ml/h–10^1 ml/h und sind damit als gering einzustufen. Wesentlich wichtiger sind hier jedoch die in dieser Arbeit als Lade- und Standszenarien bezeichneten Zustände. Für Szenario B berechnen sich beispielsweise minimale Einsparungen von 24,48 W (Gl. (3.8)). Nimmt man eine durchschnittliche Ladehäufigkeit von 10 Stunden an 250 Tagen pro Jahr an, ergibt sich damit für den Kunden ein Einsparpotential von 61,19 kWh/Jahr (Gl. (3.9)):

$$
\begin{aligned}
I_{Szenario\ B} &= (1960\ \text{mA} - 35 \cdot 0,5\ \text{mA}) \\
&= 1942,5\ \text{mA} & (3.7) \\
E_{Szenario\ B}(t) &= 1942,5\ \text{mA} \cdot 12,6\ \text{V} \cdot t \\
&= 24,48\ \text{W} \cdot t & (3.8) \\
E_{Szenario\ B}(10\ \text{h/Tag} \cdot 250\ \text{Tage/a}) &= 24,48\ \text{W} \cdot 2500\ \text{h/a} \\
&= 61,19\ \text{kWh/a} & (3.9)
\end{aligned}
$$

Vergleicht man diese Einsparungen mit den sehr niedrigen Standby-Leistungen von Haushaltsgeräten und Unterhaltungselektronik im Bereich weniger Watt, ist das Potential aus Kundensicht erheblich.

Das Kundenpotential ist auch in solchen Standszenarien hoch, in denen beispielsweise per Mobiltelefon auf das Fahrzeug zugegriffen wird oder einige wenige Systeme, z. B. zur Vorklimatisierung des Fahrzeugs, aktiv sind. Hier wird das Fahrzeug nur aus der internen Batterie gespeist und auch hier benötigt man im Allgemeinen eine geringe Zahl von Steuergeräten. Damit können im Vergleich zur Batteriekapazität relevante Einsparungen erreicht werden, welche die Nutzungsdauer entsprechender Dienste signifikant verlängert.

4. Adaptive Abschaltung von FlexRay-Knoten

Aufgrund der im vorherigen Abschnitt erläuterten Einschränkungen kann zur adaptiven Deaktivierung von FlexRay-Steuergeräten kein zum CAN-Teilnetzbetrieb vergleichbarer Transceiver-basierter Ansatz verwendet werden. Im Rahmen dieser Arbeit wurde daher ein alternatives Hardwarekonzept entwickelt, welches erlaubt, FlexRay-Knoten bei aktivem Busverkehr abzuschalten: das Konzept des *Intelligente Kommunikationskontrollers* (ICCs).

Das ICC-Konzept ermöglicht im Vergleich zum CAN-Teilnetzbetrieb eine wesentlich flexiblere Erkennung von Weckgründungen und reduziert die Reaktionszeit auf Weckereignisse erheblich. Dies erhöht die Anwendbarkeit und das Einsparpotential des Konzeptes.

In den nächsten Abschnitten werden die grundsätzlichen Anforderungen an das Konzept, der exemplarische Aufbau eines ICC-fähigen Steuergerätes, der allgemein angenommene Funktionsumfang eines ICCs sowie ein Anwendungsbeispiel beschrieben. Anschließend wird erläutert, wie ICCs in einem AUTOSAR-konformen Entwicklungsprozess konfiguriert werden können und ein Konzept zur Integration in die AUTOSAR Basissoftware vorgestellt. Zudem werden mögliche Auswirkungen des Konzeptes auf die Funktionssicherheit von Steuergeräten betrachtet. Danach wird die zum Test der Umsetzung verwendete prototypische ICC-Implementierung detailliert erläutert, ein Umsetzungskonzept für ein kommerzielles FlexRay IP-Modul vorgestellt (E-Ray der Robert Bosch Gmbh [Rob09a]) und der vollständige, zur Konzeptabsicherung entwickelte Demonstratoraufbau beschrieben. Abschließend wird das Einsparpotential des ICCs auf Basis der gemessenen Stromwerte geeigneter ICC-Kandidaten abgeschätzt.

4.1. Anforderungen

Mit einem ICC ausgestatte FlexRay-Steuergeräte sollen trotz Busaktivität in einen Schlafzustand wechseln können. Im Gegensatz zum CAN-Teilnetzbetrieb sollen zur Reduzierung der Systemkomplexität die dafür notwendigen Anpassungen der Steuergerätesoftware möglichst auf den schlafenden Knoten beschränkt sein. Zudem soll die Reaktionszeit auf Weckereignisse so gering wie möglich sein, um das Anwendungspotential zu steigern. Diese Ziele resultieren in drei wesentliche Anforderungen an einen ICC:

1. der ICC muss Weckereignisse auf Basis des regulären Busverkehrs erkennen, also insbesondere ohne die Notwendigkeit einer expliziten Anforderung durch andere Knoten.

2. der ICC muss von der Applikationssoftware benötigte Nachrichten zwischenspeichern, um den Applikationskontext nach dem Aufwachen möglichst schnell wiederherstellen zu können.

3. der ICC muss den Sendebetrieb des Steuergerätes eingeschränkt aufrechterhalten, um Timeoutfehler in anderen Knoten zu vermeiden.

Die erste Anforderung kann durch einen konfigurierbaren Filtermechanismus erfüllt werden, welcher eingehenden Busverkehr auf Weckereignisse überwacht. Weckereignisse können beispielsweise das Über- oder Unterschreiten eines bestimmten Geschwindigkeitsbereichs oder ein über einen definierbaren Zeitraum fehlendes Signal sein.

Zur ressourcenoptimierten Umsetzung der zweiten Anforderung sollte die Speicherung von Nachrichten ebenfalls filterbasiert erfolgen. Da im Idealfall bei aktivem ICC alle anderen Microcontrollerkomponenten deaktiviert sind, müssen die Nachrichten dabei in einem ICC-internen Speicher abgelegt werden.

Nimmt man an, dass ein Steuergerät nur schlafen geht, wenn sich sein Zustand nicht ändert, kann die dritte Anforderung auf statische Sendedaten beschränkt werden.

In Summe ermöglicht der ICC bei optimaler Konfiguration einen für andere Busteilnehmer transparenten Schlafzustand: Weckereignisse werden selbständig erkannt, es ist also keine explizite Weckanforderung anderer Knoten erforderlich. Zusätzlich ist die Reaktionszeit auf Weckereignisse sehr gering, da direkt nach dem Aufwachen alle notwendigen Nachrichten im ICC zur Verfügung stehen. Die Applikation muss daher nicht zuerst auf den Empfang aller benötigten Frames warten. Stattdessen kann sie durch Rücklesen der gespeicherten Daten direkt nach dem Aufwachen den Fahrzeugzustand ermitteln und ihren regulären Betrieb aufnehmen. Da der ICC weiterhin Nachrichten versenden kann, werden die Empfangsbeziehungen anderer Knoten weiterhin bedient.

4.1.1. Allgemeiner Aufbau ICC-fähiger Steuergeräte

Konzeptuell kann ein ICC als orthogonale Erweiterung eines bestehenden FlexRay Kommunikationskontrollers (CCs) verstanden und umgesetzt werden. Idealerweise werden ICC und CC aber integriert, um einen ressourcenoptimierte Implementierung zu erhalten.

Dies erfordert jedoch einen Eingriff in bereits getestete, zertifizierte IP und sollte daher durch die entwickelnde Firma der zugrundeliegenden FlexRay IP umgesetzt werden. Zudem entstehen für die Integration erhebliche Aufwände.

Daher wurde im Rahmen dieser Arbeit das ICC-Konzept zunächst als externe funktionale Erweiterung zum existierenden CCs umgesetzt und plausibilisiert. Die Implementierung wird in Abschnitt 4.4.1 beschrieben. Anschließend wurde in enger Abstimmung mit einem FlexRay IP-Hersteller das in Abschnitt 4.4.2 vorgestellte Integrationskonzept erarbeitet.

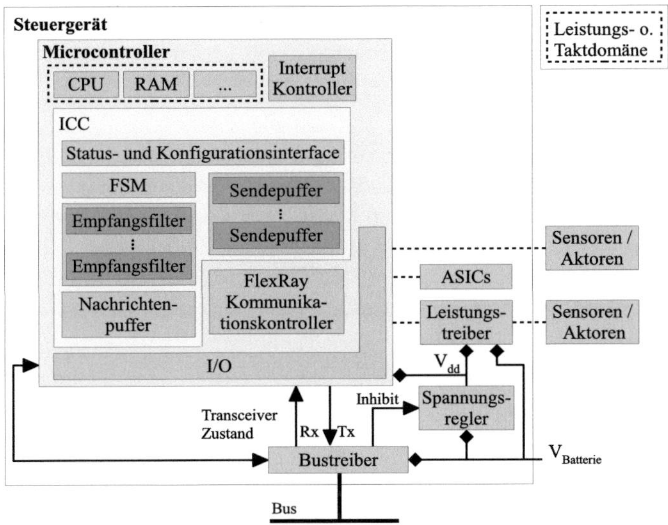

Abbildung 4.1.: Allgemeiner Aufbau eines ICC-fähigen Steuergerätes, in dem die ICC-Funktionen als externe Erweiterung des FlexRay CCs ausgelegt sind.

Wie in Abbildung 4.1 gezeigt, sind in der separaten Implementierung die ICC-Funktionen um den CC herum gekapselt. Wenn ein statisches Kommunikationsverhalten ausreichend ist, kann die Software den ICC konfigurieren und aktivieren. Müssen keine lokalen Funktionen ausgeführt werden, kann die Software nach Übernahme der Kommunikation durch den ICC komplett gestoppt werden.

Abgesehen vom ICC, CC und Interrupt Kontroller werden dazu im Idealfall alle Microcontrollerkomponenten durch Takt oder Power Gating Mechanismen in einen energiesparenden Zustand versetzt. Die entsprechenden Komponenten müssen sich dazu in einer separaten Takt- oder Leistungsdomäne befinden. Der Interrupt Kontroller muss lauffähig bleiben, um schlafende Module im Falle eines Weckereignisses in einen lauffähigen Zustand zu versetzten. Die Einnahme eines geeigneten Schlafzustandes muss nach Aktivierung des ICCs durch die Software eingeleitet werden.

Zusätzlich zur Softwareanpassung ist für den Einsatz des ICC-Konzeptes das Hardwaredesign des Steuergerätes zu berücksichtigen: es muss sichergestellt werden, dass das Steuergerät bei aktivem ICC kommunikationsfähig bleibt, d. h. dass insbesondere der FlexRay Bustreiber aktiv ist.

Die Zustandsmaschine des Bustreibers wird üblicherweise durch dedizierte I/O-Pins des Microcontrollers gesteuert. Werden Regionen des Microcontrollers beim Wechseln in einen energiesparenden Zustand stromlos geschaltet, müssen die entsprechenden Pins in einem definierten Zustand bleiben.

Eine vergleichbare Betrachtung muss für jede weitere an den Microcontroller angeschlossene Peripherie getroffen werden. Je nach Wahl des Microcontroller-Schlafzustandes könnten die I/O-Pins des Microcontrollers beispielsweise in einen hochohmigen Zustand wechseln oder beim Starten nach einem Weckereignis einen ungewünschten Signalwert annehmen. Mögliche negative Auswirkungen müssen beim Systemdesign berücksichtigt werden.

Für das ICC-Konzept sind zudem *Watchdogs* zu berücksichtigen. Durch Watchdogs kann die Ausführung der Steuergerätesoftware überwacht werden: während des fehlerfreien Betriebs setzt die Software regelmäßig einen internen Timer des Watchdogs zurück. Stoppt die auf dem Microcontroller ausgeführte Software beispielsweise aufgrund eines Programmierfehlers, kann der Timer nicht zurückgesetzt werden und der Watchdog löst nach dessen Ablauf einen Reset des Microcontrollers aus, um den fehlerhaften Zustand zu verlassen.

Für eine einfache Watchdog Implementierung kann das Zurücksetzten durch ein einfaches Schreiben in ein Register erfolgen. Komplexere Varianten stellen zusätzlich zeitliche oder logische Bedingungen für ein erfolgreiches Zurücksetzen.

Microcontroller enthalten üblicherweise einen internen Watchdog, welcher optional gestoppt und gestartet werden kann. Dieser kann damit vor der Aktivierung des ICCs angehalten werden, damit ist keine Sonderbehandlung notwendig.

Externe und in SBCs integrierte Watchdogs sind typischerweise nicht deaktivierbar. Der Watchdog startet selbständig sobald er mit Leistung versorgt wird. Da die Software bei aktivem ICC gestoppt werden soll, würde der Microcontroller nach kurzer Zeit zurückgesetzt werden. Bei Verwendung eines nicht deaktivierbaren Watchdogs muss die Software daher regelmäßig aufwachen und den Watchdog bedienen.

4.1.2. Funktionsumfang

Gemäß der beschriebenen Anforderungen und des Integrationskonzeptes in Steuergeräten kann der benötigte ICC-Funktionsumfang allgemein festgelegt werden. Für die Funktionen ist dabei unerheblich, ob der ICC als zusätzliches Bauteil zum CC ausgelegt ist oder in diesem integriert wird.

Auf Empfangsseite ergeben sich folgende Anforderungen:

- der ICC muss bei Empfang eines neuen Frames die Ausführung einer bekannten Anzahl von konfigurierbaren Datenfiltern starten.

- jeder Datenfilter vergleicht einen konfigurierbaren Bitbereich in einem durch Slot- und Cycle-Konfiguration festgelegtem Frame mit einem bestimmbaren Vergleichswert und einer bestimmbaren Vergleichsoperation.

- ist der Vergleich positiv, muss der Frame in einen internen Puffer gespeichert werden können.

- die maximale Anzahl der zu speichernden Frames ist pro Filter konfigurierbar.

- zudem muss festlegbar sein, ob nach Erreichen der festgelegten Anzahl von gespeicherten Frames ein Weckereignis ausgelöst wird.

- ein Datenfilter muss zusätzlich Timeout-überwacht werden können: spricht ein Filter für einen konfigurierbaren Zeitraum nicht an, wird ebenfalls ein Weckereignis ausgelöst.

Für die Sendefähigkeit des ICCs gilt:

- der ICC unterstützt eine festgelegte Anzahl von Sendepuffern.

- jeder Sendepuffer stößt nach Ablauf einer bestimmbaren Zykluszeit die Versendung eines Zielframes mit einer konfigurierbaren statischen Payload an.

Zudem werden folgende allgemeine Annahmen getroffen:

- der ICC muss durch die Software aktivierbar und deaktivierbar sein.

- die Datenfilter und Sendepuffer müssen zur Laufzeit bei deaktiviertem ICC konfigurierbar sein.

- der ICC startet die Ausführung von Datenfiltern und Sendepuffern sobald er aktiviert wird.

- der aktive ICC muss im Fehlerfall (z. B. bei Verlust der Bussynchronisation) ein Weckereignis auslösen, so dass die Fehlerbehandlung durch die Software erfolgen kann.

4.1.3. Anwendungsbeispiele

Die Anwendung eines ICCs kann am Beispiel des Fahrzeugsystems „Einparkhilfe" verdeutlicht werden. Dabei wird von folgenden Randbedingungen ausgegangen:

- das Fahrzeugsystem „Einparkhilfe" wird durch das FlexRay-Steuergerät (SG) mit der Bezeichnung „PARK" realisiert.

- das PARK-SG ist direkt mit den zur Abstandsmessung verwendeten Ultraschallsensoren sowie einem Anzeigeelement verbunden.

- die Einparkhilfe gibt bis zur einer Geschwindigkeit von 20 km/h visuelle Rückmeldung über den verbleibenden Raum um das Fahrzeug,

- und misst zwischen 20 km/h–40 km/h nach geeigneten Parklücken auf der Beifahrerseite.

- bei deaktivierter Zündung und über 40 km/h wird das PARK-SG nicht benötigt.

- die aktuelle Fahrzeuggeschwindigkeit und der Zündungsstatus werden per FlexRay empfangen.

- gefundene Parklücken werden per FlexRay in Form eines Statussignals an das Kombiinstrument übertragen.

- empfängt das Kombiinstrument keine Statusinformation des PARK-Steuergerätes wird von einem Fehler ausgegangen, welcher dem Fahrer angezeigt wird.

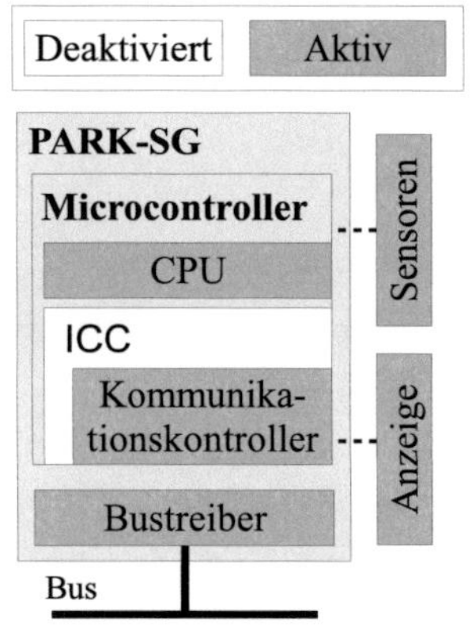
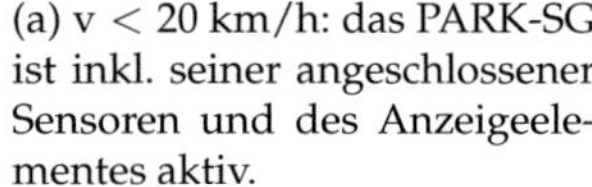
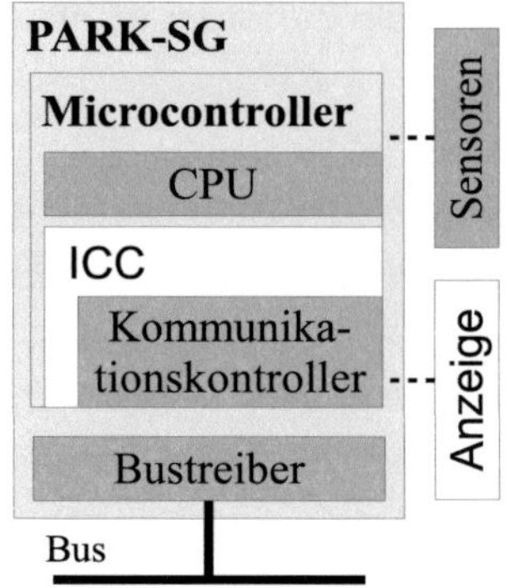
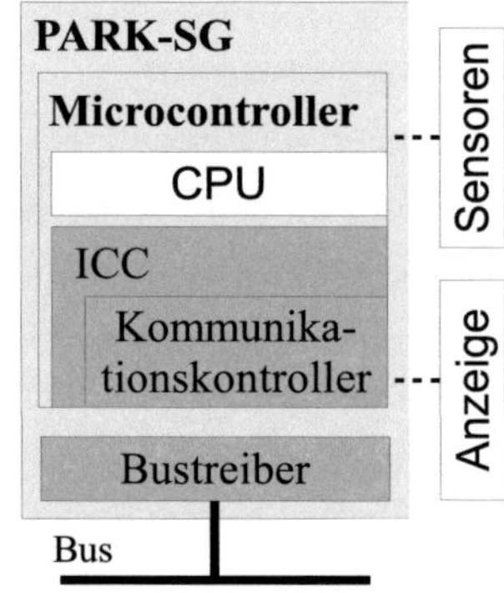

(a) $v < 20$ km/h: das PARK-SG ist inkl. seiner angeschlossener Sensoren und des Anzeigeelementes aktiv.

(b) 20 km/h $\leq v \leq 40$ km/h: das Anzeigeelement kann deaktiviert werden, das SG und die Sensoren werden weiterhin benötigt.

(c) $v > 40$ km/h: durch Aktivierung des ICCs kann der μC zusätzlich zur Peripherie in einen Schlafzustand wechseln.

Abbildung 4.2.: ICC-Anwendungsbeispiel: das für die Einparkhilfe verantwortliche Steuergerät kann durch den ICC über einer Geschwindigkeit (v) von 40 km/h in einen Schlafzustand wechseln.

- über 40 km/h führt das PARK-Steuergerät keine Funktion aus, muss aber weiterhin den Status der Parklückensuche melden, um Fehlermeldungen zu vermeiden.

Während dem Fahrbetrieb ergeben sich damit die in Abbildung 4.2 dargestellten drei unterschiedlichen Zustände.

1. Fahrzeuggeschwindigkeit < 20 km/h: das PARK-Steuergerät ist vollständig aktiv, die Leistungsaufnahme ist durch die Ansteuerung der Sensoren und des Anzeigeelementes maximal.

2. 20 km/h $\leq$ Fahrzeuggeschwindigkeit ≤ 40 km/h: es findet keine visuelle Rückmeldung statt, die Sensoren werden aber weiterhin benötigt. Die Leistungsaufnahme ist durch die Deaktivierung des Anzeigeelements reduziert.

3. Fahrzeuggeschwindigkeit > 40 km/h: das PARK-Steuergerät wird nicht benötigt, Sensoren und das Anzeigeelement sind deaktiviert. Durch den ICC können nun auch alle Microcontrollerkomponenten abgesehen vom ICC und CC deaktiviert werden—die Leistungsaufnahme des Steuergerätes ist damit minimal. Der ICC sendet weiterhin den vom Kombiinstrument benötigten Statusframe, es wird also kein Fehler gemeldet. Fällt die Fahrzeuggeschwindigkeit unter 40 km/h, weckt der ICC den Microcontroller und die Applikation nimmt ihren regulären Betrieb auf.

Die Zustände 1 und 2 sind bereits heute umsetzbar. Durch den ICC wird nun jedoch zusätzlich der 3. Zustand ermöglicht. Trotz aktiver Buskommunikation können abgesehen vom Bustreiber, ICC und CC alle Komponenten abgeschaltet werden.

Zusätzlich zu der beschriebenen Abschaltung über einer Geschwindigkeitsschwelle ist zudem das Ladeszenario einer Hochvoltbatterie eines hybridisierten Fahrzeuges von Interesse. Der Ladevorgang erfolgt üblicherweise bei stehendem, verschlossenem Fahrzeug und wird durch mehrere FlexRay-Steuergeräte koordiniert. Während des Ladevorgangs wird das PARK-Steuergerät nicht benötigt und kann sich durch den ICC bei aktiver Buskommunikation und deaktivierter Zündung dauerhaft in einen Schlafzustand versetzten.

Für die verschiedene Schlafszenarien sind unterschiedliche ICC-Konfigurationen notwendig. Das Laden der entsprechenden Konfiguration kann beispielsweise durch die Applikationssoftware in Abhängigkeit vom aktuellen Fahrzeug- und Steuergerätezustand angestoßen werden.

Auf Basis der Anwendungsbeispiele können die wesentlichen Annahmen für die Verwendung eines ICCs wie folgt festgelegt werden:

1. die Applikationssoftware erkennt typischerweise auf Basis des Fahrzeug- und Steuergerätezustandes ob Buskommunikation benötigt wird. Entsprechend sollte die Applikationssoftware die gewünschte Aktivierung des ICCs, die passende ICC-Konfiguration und den Zielzustand des Microcontrollers anfordern, da nur sie bewerten kann, welche Reaktionszeiten und Weckgründe zur Wiederaufnahme ihrer Ausführung benötigt werden.

2. die Aktivierung und die zu verwendende Konfiguration des ICCs muss dabei über mehrere Applikationsmodule hinweg abgestimmt werden können.

3. zur Reduzierung der Hardwareabhängigkeiten sollte die eigentliche Arbitrierung und Einleitung der Aktivierung, das Laden der ICC-Konfiguration sowie die Behandlung von Weckereignissen nicht durch die Applikationssoftware selbst, sondern stattdessen durch standardisierte Funktionen erfolgen, welche im Falle von AUTOSAR beispielsweise in der BSW umgesetzt sind.

Insbesondere für die erste Annahme muss aus Applikationssicht bei Anforderung des ICCs berücksichtigt werden, dass für die ICC-Aktivierung und für die Wiederaufnahme der Ausführung nach einem Weckereignis eine implementierungsabhängige Dauer vergeht, in der keine Applikationssignale versendet oder empfangen werden können und weiterhin statische ICC-Kommunikation anliegt.

4.2. Integration in AUTOSAR

Eines der Hauptziele von AUTOSAR ist die Definition einer standardisierten Softwarearchitektur, die eine von der Steuergerätehardware losgelöste Entwicklung der Applikationssoftware erlaubt (vgl. Abschnitt 2.7).

Um die Anwendung von ICCs zu vereinfachen, sollten daher die Konfiguration, Aktivierung, Deaktivierung und die Behandlung von Weckereignissen des ICCs vergleichbar zur Konfiguration heutiger CAN und FlexRay Kommunikationskontroller durch die AUTOSAR-Basissoftware (BSW) abstrahiert werden. Durch Verwendung des ICCs ändert sich insbesondere das Kommunikationsverhalten eines Steuergerätes. Daher müssen für eine vollständige Integration von ICCs zudem die kommunikationsrelevanten BSW-Module geeignet erweitert werden.

Die ICC-Konfiguration und unterschiedliche Möglichkeiten zur Abbildung der ICC-Kommunikation werden in den folgenden zwei Abschnitten erläutert.

4.2.1. ICC-Konfiguration

Wie in Abschnitt 2.7.2 beschrieben, ist die vollständige Kommunikationsbeschreibung eines Steuergeräteverbundes ein wesentlicher Bestandteil der durch den OEM erstellten AUTOSAR-Systembeschreibung. Die Systembeschreibung wird typischerweise nicht weitergegeben, stattdessen werden die für die Entwicklung eines spezifischen Steuergerätes notwendigen Daten aus der Systembeschreibung extrahiert und im ECU-Extrakt gebündelt. Dieser kann an den Zulieferer weitergeben und von diesem um weitere für die Entwicklung benötigten Attribute ergänzt werden.

Die AUTOSAR-Entwurfsmethodologie sieht vor, dass sich die Konfiguration der Systembeschreibung stark an den unterschiedlichen Abstraktionsschichten orientiert: die von einem Steuergerät empfangenen und gesendeten Daten werden beispielsweise auf oberster Ebene über busprotokoll- und kanalunabhängige Signale definiert. Die wichtigsten Attribute eines Signals sind Sendeart (z. B. spontan oder zyklisch), Größe und Datentyp. Erst beim Durchlaufen der niederen Schichten der BSW werden Signale schrittweise ihren vorgegebenen Positionen im Dateninhalt von busspezifischen Frames zugeordnet. Der für die Transformation zwischen Bitbereich in der Payload eines Frames und logischem AUTOSAR-Signal benötigte Code ist in der RTE und BSW verortet und wird automatisiert durch Generiertools erstellt.

Die hohe Abstraktion einer signalorientierten Arbeitsweise erhöht das Systemverständnis bei der Konfigurationserstellung deutlich, da aus den Signalnamen üblicherweise der direkte funktionale Zusammenhang abgeleitet werden kann.

Das Vorgehen zur Konfigurationserstellung und Bedatung des ICCs sollte sich zur Steigerung der Anwenderfreundlichkeit an dem bestehenden signalbasierten Konfigurationsmodell orientieren.

Auf Basis der in Abschnitt 4.1 festgelegten Funktionsweise des ICC-Konzeptes sind folgende Fragestellungen für die ICC-Integration in AUTOSAR relevant:

- die Ermittlung der für eine vollständige ICC-Konfiguration vorhandenen und zusätzlich benötigten Attribute der Systembeschreibung
- die Definition eines für die Konfiguration geeigneten Datenmodells.
- die Identifikation eines für den heutigen Entwicklungsablauf geeigneten Vorgehens zur Erstellung der ICC-Konfiguration.

- die Definition eines geeigneten Ansatzes zur Verwaltung der ICC-Konfiguration zur Laufzeit.

- und die Erarbeitung einer möglichen Aufgabenteilung der Konfigurationserstellung zwischen OEM und Zulieferer.

Lösungsvorschläge zu diesen Fragestellungen werden in den nächsten Abschnitten erläutert.

4.2.1.1. Erweiterung des AUTOSAR-Datenmodells

Das Verhalten des aktiven ICC muss in Abhängigkeit des Fahrzeugzustandes anpassbar sein. Insbesondere müssen je nach Schlafszenario:

- unterschiedliche Weckgründe definierbar sein, also beispielsweise das Eintreffen bestimmter Signalwerte oder das Ausbleiben von Signalen.

- unterschiedliche empfangene Frames im ICC-internen Speicher abgelegt werden.

- verschiedene Frames versendet werden.

Die entsprechenden ICC-Konfigurationsanteile können allgemein auf die Bedatung der Datenfilter, der Timeout-Überwachung und Sendepuffer sowie einer Konfiguration allgemeiner ICC-Parameter wie der Partitionierung der internen Speicher aufgeteilt werden.

Abgesehen von rein ICC-spezifischen Konfigurationsparametern, welche keinen Bezug zu bestehenden BSW-Modulen haben, basiert die Konfiguration dabei ausschließlich auf kommunikationsrelevanten Anteilen. Zudem werden keine Parameter benötigt, welche exklusiv in der AUTOSAR-Systembeschreibung, aber nicht im ECU-Extrakt vorhanden sind. Daher ist für die ICC-Konfiguration als Datenquelle sowohl die Systembeschreibung als auch das ECU-Extrakt verwendbar.

Zur erleichterten Anwendung sollte die Datenfilterkonfiguration signalbasiert erfolgen (z. B. durch eine Konfigurationsreferenz auf das Geschwindigkeits- oder Zündungssignal). Damit kann der zu filternde Bitbereich auf Basis der im ECU-Extrakt enthaltenen Signallänge sowie dem Mapping des Signals auf einen Bereich im Frame ermittelt werden. Die einem Datenfilter zugeordnete Timeout-Überwachung kann ebenfalls auf Basis der im ECU-Extrakt enthaltenen Zykluszeit des zu filternden Frames bestimmt werden.

Pro Filter müssen zusätzlich zu dem zu filternden Signal Vergleichswert und -operation, die Anzahl der zu speichernden Frames und die optionale Auslösung eines Weckevents definiert werden. Die entsprechenden Parameter sind noch nicht vorhanden und müssen zusätzlich in die Systembeschreibung aufgenommen werden.

Die für die ICC-Sendepuffer benötigte statische Payload ist ebenfalls signalbasiert konfigurierbar: durch Angabe eines bei aktivem ICC zu versendenden Signals können alle betroffenen Frames ermittelt werden. Die Zykluszeit der Sendepuffer kann aus der Zykluszeit der zugeordneten Frames übernommen werden.

Konfigurationsparameter	vorhanden
Datenfilter	
Zuordnung von Signalen zu Frame und Position in Payload, Timeout-Wert	ja
Verleichswert und -operation, Zahl zu speichernder Frames, gültiges Weckereignis	nein
Sendepuffer	
Zuordnung von Signalen zu Position in Frame, Zykluszeit des Frames, Default- und SNA-Signalwerte	ja
Statischer Wert für zu sendendes Signal	nein
Allgemeine Parameter	
Businformationen (z. B. Timing, Anzahl Slots)	ja
ICC-spezifische Konfiguration (z. B. für ICC-Initialisierung)	nein

Tabelle 4.1.: Übersicht über bereits vorhandene und hinzukommende AUTOSAR-Konfigurationsparameter für die ICC-Konfiguration.

Da jedoch nicht sichergestellt ist, dass immer alle in einem Frame übertragenen Signale in der ICC-Konfiguration enthalten sind, könnten Datenbereiche im Frame unbelegt bleiben. Im erarbeiteten Ansatz werden diese daher wahlweise mit dem vorhandenen Default- oder SNA-Wert belegt.

Alle zusätzlich benötigten ICC-Parameter können als hardwareunabhängige Erweiterung in die Systembeschreibung eingebracht werden, es ist keine Änderung an bestehenden Datenstrukturen notwendig. In Tabelle 4.1 sind die bereits vorhandenen und hinzukommen Konfigurationsattribute allgemein beschrieben. Für eine detaillierte Übersicht über das der AUTOSAR-Konfiguration zugrundeliegendem Metamodell wird auf [AUT11i] verwiesen.

Zur Erzeugung des ICC-Konfigurationscodes auf Basis der erweiterten Systembeschreibung und des ECU-Extrakts muss die heutige Toolkette erweitert werden. Der dazu in dieser Arbeit verfolgte Ansatz wird im nächsten Abschnitt erläutert.

4.2.1.2. Erstellung der ICC-Konfiguration

Wie in Abschnitt 2.7.2 beschrieben, unterscheidet AUTOSAR zwischen unterschiedlichen Zeitpunkten, an denen die Konfiguration des Gesamtsystems oder eines Steuergerätes bestimmt wird. Zur Erstellung der ICC-Konfiguration wurde der in Abbildung 4.3 gezeigte statische Konfigurationsansatz erarbeitet.

Die ICC-Konfiguration wird auf Basis der Systembeschreibung vom Konfigurator durch ein geeignetes Tool erstellt. Wie beschrieben kann dieser Schritt alternativ auch

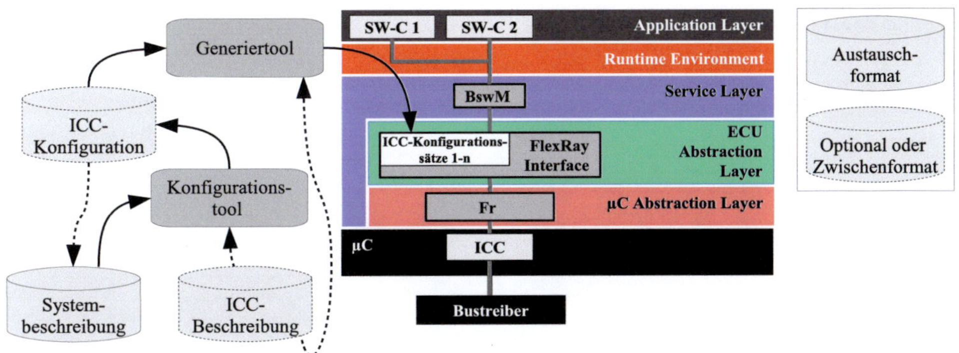

Abbildung 4.3.: ICC-Konfigurationsablauf zur Systemdesignzeit: auf Basis der Systembeschreibung wird durch ein geeignetes Tool die ICC-Konfiguration erzeugt und optional in die Systembeschreibung zurückgespiegelt. Aus der Konfiguration wird anschließend durch ein Generiertool der ICC-spezifische Code erzeugt und im FlexRay Interface-Modul eingebettet.

auf Grundlage des ECU-Extrakts erfolgen. Die ICC-Konfigurationen müssen stets genau einem Kommunikationskontroller zugeordnet sein. Die erstellte Konfiguration kann optional in die Systembeschreibung oder das ECU-Extrakt zurückgespiegelt werden.

Ein Generiertool erzeugt auf Basis der Konfiguration ICC-spezifischen Code, welcher im FlexRay Interface in der BSW integriert wird. Die zur Konfiguration und Generierung benötigten ICC-Kenntnisse können direkt im Tool integriert sein oder zur besseren Wiederverwendbarkeit in Form einer externen ICC-Beschreibung gebündelt werden.

Ein wesentlicher Vorteil dieses Ansatzes ist die frühzeitige Feststellung von Konfigurationsfehlern: nicht unterstützte Filteroperationen oder eine zu große Anzahl von Empfangsfiltern werden zur Generierzeit des Systems erkannt und müssen nicht zur Laufzeit behandelt werden.

Das vereinfachte der ICC-Konfiguration zugrundeliegende Datenmodell ist in Abbildung 4.4 dargestellt. Die Konfiguration bezieht sich wie beschrieben stets auf genau einen CC, welcher wiederum genau einem verallgemeinerten FlexRay Bussystem zugeordnet ist. Dieses kann sowohl ein- als auch zweikanalig ausgelegt sein.

Die vollständige ICC-Konfiguration besteht aus einer variablen Anzahl von *ICC-Konfigurationssätzen*. Ein Konfigurationssatz bündelt alle für die Signalfilterung, Timeout-Überwachung und Nachrichtenversendung benötigten Daten. Ein dynamisches Umladen oder Kombinieren einzelner ICC-Parameter zur Laufzeit ist nicht möglich. Wie im nächsten Abschnitt beschrieben, wird zur Laufzeit stattdessen in Abhängigkeit des aktuellen Fahrzeugzustandes ein passender Konfigurationssatz geladen.

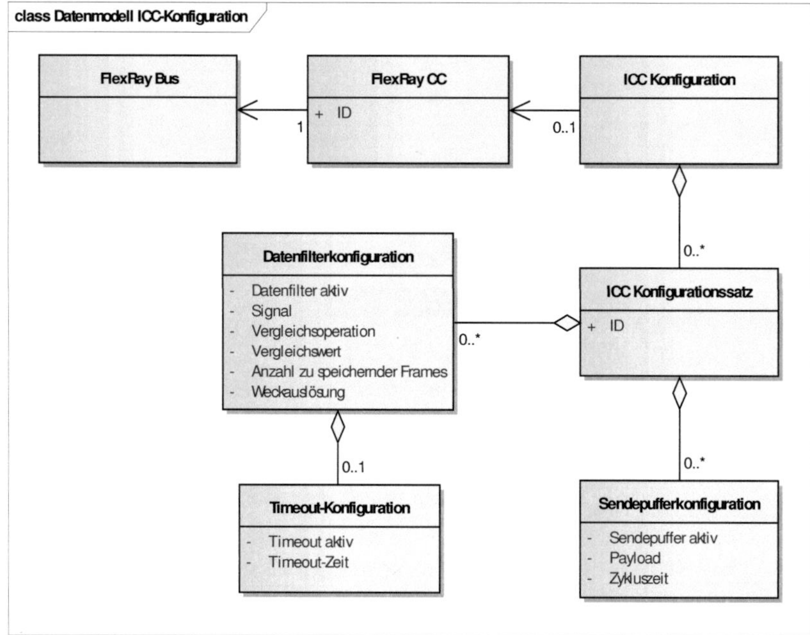

Abbildung 4.4.: Vereinfachtes Datenmodell der ICC-Konfiguration welche genau einem FlexRay CC zugeordnet ist, welcher wiederum fest an einen Kommunikationsbus angebunden ist. Die Konfiguration besteht aus einer beliebigen Anzahl von Konfigurationssätzen, welche jeweils das vollständige ICC-Verhalten definieren.

4.2.1.3. Verwaltung der ICC-Konfiguration zur Laufzeit

Das ICC-Verhalten kann durch Laden unterschiedlicher Konfigurationssätze flexibel an den aktuellen Fahrzeugzustand angepasst werden. Erkennt die Applikationssoftware eines Steuergerätes, dass sie nicht benötigt wird, fordert sie einen geeigneten ICC-Konfigurationsatz sowie die Aktivierung des ICCs an. Dabei muss sichergestellt sein, dass der Versand von statischen Statusnachrichten ausreichend ist und die Filterbedingungen zu einem Aufwecken des Microcontrollers führen, sobald ein dynamisches Verhalten des Steuergerätes notwendig ist (im Falle des Anwendungsbeispiels aus Abschnitt 4.1.3 z. B. unter einer bestimmten Geschwindigkeit).

Zusätzlich zur ICC-Konfiguration und -Aktivierung können SW-Cs über den EcuM den Übergang in einen energiesparenden Microcontroller-Zustand anfordern (vgl. Abschnitt 2.7.6). Der EcuM bestimmt den Zielzustand anhand eingehender Run-Requests. Der ComM zieht seinen Run-Request zurück, nachdem der ICC erfolgreich aktiviert wurde. Dieser Ablauf wird in Abschnitt 4.2.2 näher ausgeführt. Liegt kein weiterer Run-Request vor, versetzt der EcuM den Microcontroller damit in den vorab bestimmten Schlafzustand. In diesem müssen u. a. der ICC und Bustreiber entsprechend den in Abschnitt 4.1.1 beschriebenen Anforderungen lauffähig bleiben.

Zur Verwaltung der ICC-Konfiguration zur Laufzeit wurde die Eignung des BswM überprüft. Wie in den Grunldagen erläutert, erlaubt der BswM eine sehr flexible Ausführung von Funktionslisten auf Basis eingehender abstrakter Mode-Requests von SW-Cs (vgl. Abschnitt 2.7.4).

In dem in dieser Arbeit umgesetzten Ansatz können SW-Cs über den BswM gleichberechtigt Konfigurationen anfordern. Vor Laden einer neuen Konfiguration werden bestehende Anfragen zur Aktivierung des ICCs zurückgesetzt.Nachdem der BswM auf Basis eingehender Anforderungen den zu ladenden Konfigurationssatz bestimmt hat, fordert er diesen beim FlexRay Interface an. Das FlexRay Interface lädt anschließend die Konfiguration über den FlexRay Bustreiber, eine vorher geladene Konfiguration wird überschrieben. Die ICC-Konfigurationssätze müssen für dieses Vorgehen steuergeräteweit eindeutig identifizierbar sein.

Um zu vermeiden, dass SW-Cs konkurrierende Anforderungen stellen und der ICC damit nie aktiviert werden kann, sollten nur sehr wenige SW-Cs—im Idealfall sogar nur eine Master-Komponente—ICC Konfigurationen anfordern. Die restlichen SW-Cs können dann anhand der aktuellen Konfiguration und des eigenen Zustandes prüfen, ob ein statisches Kommunikationsverhalten ausreichend ist und im positiven Fall die Aktivierung des ICCs anfordern.

Alternativ könnten SW-Cs abstrakte BswM-Modes anfordern, welche beispielsweise an den aktuellen Fahrzeugzustand geknüpft und nicht explizit an eine ICC-Konfiguration gekoppelt sind. Durch geeignete Auslegung der BswM-Regeln kann auf Basis der Mode-Requests eine passende ICC-Konfiguration und der Zielzustand des ICCs bestimmt werden.

4.2.1.4. Aufteilung zwischen OEM und Integrator

Das in den vorherigen Abschnitten beschriebene Konfigurationsmodell erlaubt eine Konfiguration des ICCs wahlweise auf Basis der AUTOSAR-Systembeschreibung oder des ECU-Extraktes. Damit können prinzipiell sowohl der OEM als auch der Zulieferer die ICC-Konfiguration vornehmen.

Wie in Abschnitt 3.4.2 beschrieben, ist es aus OEM-Sicht vorteilhaft, die Identifizierung und Definition von Fahrzeug- und Steuergerätezuständen in denen Fahrzeugsysteme nicht benötigt werden, selbst durchzuführen. Auf Basis der ermittelten Systeme sowie der vollständig vorliegenden E/E-Architektur können die Auswirkungen einer bedarfsabhängigen Deaktivierung von Knoten ermittelt werden. Aus der Betrachtung ergeben sich zudem zu spezifizierende Weckgründe und einzuhaltende Reaktionszeiten auf ein Weckereignis.

In Summe sollte die ICC-Konfiguration eines Steuergerätes daher durch den OEM vorgegeben und in Form des ECU-Extrakts an den Zulieferer weitergeben werden. Eine weitere Verfeinerung der Konfiguration auf Seite des Zulieferers ist nicht notwendig. Die Spezifikation der Schlafszenarien eines Steuergerätes sollten die zu verwendenden ICC-Konfiguration sowie die einzuhaltende Reaktionszeit bei Auftreten eines Weckereignisses enthalten.

Bei der Umsetzung des eigentlichen Schlafzustandes müssen negative Auswirkungen auf die Steuergerätehardware vermieden werden. Zudem hängt die anfallende Reaktionszeit auf ein Weckereignis vom verwendeten Microcontroller, dem gewählten Schlafzustand und weiteren Randbedingungen, wie beispielsweise der anzusteuernden Peripherie ab. Die Berücksichtigung und Auslegung dieser Kriterien sollte entsprechend der heute üblichen Aufgabenverteilung auf Basis der Steuergeräte-Spezifikation durch den Zulieferer erfolgen.

4.2.2. Abbildung des ICC-Kommunikationszustandes

Wie in Abschnitt 2.7.5 beschrieben, unterscheidet AUTOSAR hinsichtlich der Buskommunikation heute zwischen laufender (Kanalzustand **FULL_COM**) und gestoppter Kommunikation (Kanalzustand **NO_COM**). Der aktuelle Zustand wird anhand steuergeräteinterner und -externer Anforderungen bestimmt. Ein Knoten mit Kommunikationsbedarf hält die betroffenen Kanäle wach. Solange ein Kanal wachgehalten wird, müssen alle an den Kanal angeschlossenen Knoten gültige Signale senden, selbst wenn sich die Sendedaten eines Knotens im aktuellen Fahrzeugzustand nicht ändern können oder ein Knoten keine Daten benötigt. Nach heutigem Stand sind damit alle Teilnehmer wach, solange der Kanal angefordert wird. Wird der Kanal von keinem Knoten angefordert, stoppen alle Teilnehmer ihren Sendebetrieb.

Durch Einführen des ICCs entsteht hinsichtlich des Kommunikationsverhaltens des Steuergerätes ein weiterer Zustand, zwischen **FULL_COM** und **NO_COM** der zumindest konzeptionell unterschieden werden sollte: nach Aktivierung des ICCs übernimmt dieser die Kommunikation, unabhängig von der CPU, die ihrerseits deaktiviert werden kann. Aus Bus-Sicht erscheint der Knoten damit aktiv, obwohl die Softwareausführung gestoppt ist.

Bei der AUTOSAR-konformen Implementierung steht man dann vor der Designentscheidung, ob dieser Zustand implizit oder explizit abgebildet werden soll. Im Folgenden werden beide Varianten untersucht, nach einer Bewertung aber nur eine prototypisch implementiert:

- Variante I: die Bestimmung der Konfiguration und die Aktivierung des ICCs erfolgt implizit auf Basis frei definierbarer BswM-Modes und -Regeln durch den Basic Software Mode Manager (BswM) .

- Variante II: die ICC-Kommunikation wird explizit über einen neuen Kommunikationszustand—im Folgenden als **ICC_COM** bezeichnet—abgebildet.

Für die Integration von **ICC_COM** nach Variante II ergeben sich weiterhin zwei grundsätzliche Ansätze: eine Abbildung als zusätzlicher Hauptzustand zu **FULL_-COM** und **NO_COM** in den Zustandsmaschinen der Kommunikationsmodule (Variante IIa) oder eine Abbildung als reinen nicht extern sichtbaren Unterzustand (Variante IIb).

Die unterschiedlichen Ansätze werden in den nächsten Abschnitten beschrieben und jeweils anhand der folgenden fünf Kriterien bewerten:

1. der **Implementierungsaufwand** beschreibt den für die Umsetzung anfallenden Änderungsaufwand an direkt betroffenen BSW-Modulen (z. B. des ComM).

2. die **Wiederverwendbarkeit** bewertet die Übertragbarkeit der vorgenommenen Änderungen zwischen unterschiedlichen Steuergeräteentwicklungen.

3. die **Anwendbarkeit** beschreibt den Änderungsbedarf von SW-Cs, welche direkt in die Anwendung des ICCs involviert sind.

4. die **BSW-Kompatibilität** dient als Maß für den Änderungsaufwand an nicht ICC- relevanten BSW-Modulen (z. B. FlexRay unabhängige Module mit Schnittstellen zum ComM).

5. die **Applikationskompatibilität** bewertet analog den Anpassungsaufwand von SW-Cs, welche keine ICC-Kenntnis besitzen. Dazu gehören insbesondere alle Übernahme-SW-Cs, welche ohne Änderungen in ein ICC-fähiges System integriert werden sollen.

4.2.2.1. Variante I: Integration über den BswM

Um den Anpassungsbedarf an BSW-Modulen zu minimieren, kann der ICC durch den Basic Software Mode Manager (BswM) aktiviert und deaktiviert werden. Wie in Abschnitt 2.7.4 erläutert, verwaltet der BswM zur Systemdesignzeit definierte implementierungsabhängige Mode-Requests und bestimmt anhand konfigurierbarer Regeln Folgezustände und bei Zustandswechseln auszuführende Funktionslisten (Action Lists).

Der anforderbare BswM-Mode kann so beispielsweise den gewünschten Zustand des ICCs, die in Abschnitt 4.2.1.3 beschriebene ICC-Konfiguration und den Zielzustand des Microcontrollers kombinieren. Die Übergangskriterien werden durch geeignete Regeln festgelegt, die Aktivierung des ICCs und der Übergang in einen energieeffizienten Microcontrollerzustand erfolgen innerhalb der Ausführung der durch das Regelwerk bestimmten Action List. Die Behandlung von Weckereignissen erfolgt durch den EcuM (vgl. Abschnitt 2.7.3).

4.2.2.2. Variante IIa: Integration als Hauptzustand in der Kommunikationsschicht

Das Verhalten der Module des Kommunikationsstacks wird größtenteils durch interne Zustandsmaschinen bestimmt. Zur Integration des ICCs können diese durch den **ICC_COM**-Zustand erweitert werden. Allgemein kann bei diesem Vorgehen zwischen einer Ergänzung der Zustandsmaschinen um einen neuen Hauptzustand (Variante IIa) und der im nächsten Abschnitt beschriebenen Verwendung eines neuen Unterzustandes (Variante IIb) unterschieden werden.

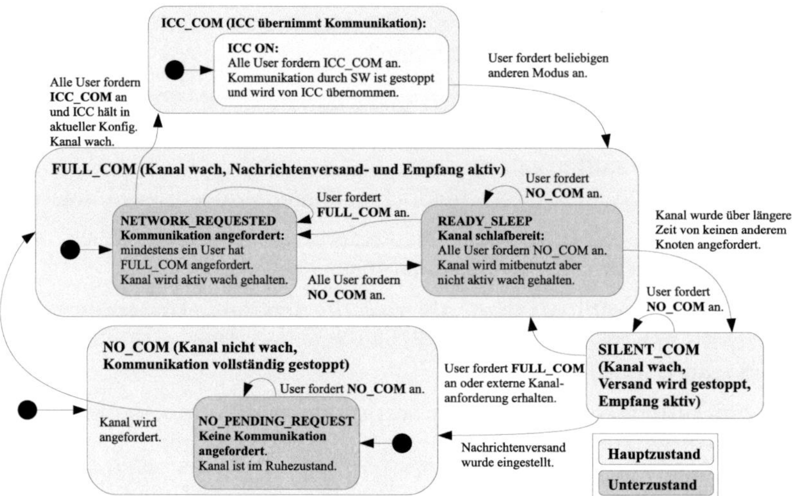

Abbildung 4.5.: Abbildung von **ICC_COM** als neuer Hauptzustand. Durch Einführung eines neuen Rückgabewertes müssen BSW-Module und bestehende SW-Cs angepasst werden.

Hauptzustände können von anderen Modulen abgefragt werden, eine Abfrage oder Weitergabe von Unterzuständen an benachbarte BSW-Module ist laut AUTOSAR-Spezifikation nicht zulässig.

In Abbildung 4.5 ist die Integration von **ICC_COM** über einen zusätzlichen Hauptzustand am Beispiel der vereinfachten ComM-Zustandsmaschine dargestellt.

In der gewählten Varianten wird aus dem vorhandenen Unterzustand **NETWORK_-REQUESTED** des Hauptzustandes **FULL_COM** in den neuen Zustand **ICC_COM** gewechselt, wenn alle dem Kanal zugeordneten User **ICC_COM** anfordern. Solange mindestens ein User einen anderen Zustand anfordert, wird die Kommunikation nicht an den ICC übergeben. Eine ungewollte Aktivierung des ICCs ist damit nicht möglich.

Die Einnahme bzw. das Verlassen von **ICC_COM** kann in Form einer Notifzierung an weitere Module weitergereicht bzw. von diesen über einen Funktionsaufruf ermittelt werden. Die Module koordinieren entsprechend die Aktivierung bzw. Deaktivierung des ICCs und melden den ICC-Zustandswechsel nach Abschluss der Koordinierung zurück an den ComM.

4.2.2.3. Variante IIb: Integration als Unterzustand in der Kommunikationsschicht

Wie in Abbildung 4.6 dargestellt, kann die ICC-Kommunikation auch als Unterzustand von **FULL_COM** abgebildet werden. Erneut wird nicht nach **ICC_COM** gewechselt, solange dieser nicht von allen dem Kanal zugeordneten Usern angefordert wird.

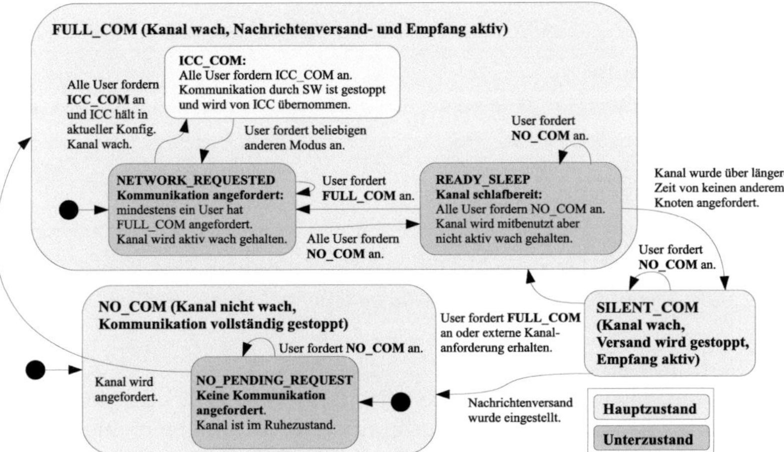

Abbildung 4.6.: Abbildung von **ICC_COM** als Unterzustand von **FULL_COM**. Bei Abfrage des aktuellen Hauptzustandes werden nur bekannte Rückgabewerte zurückgegeben.

Bei einem Übergang nach oder aus **ICC_COM** erfolgt im Gegensatz zu Variante IIa nur eine Notifizierung des im Kommunikationsstack direkt untergeordneten Flex-Ray State Managers (FrSm). Nach der Notifizierung koordiniert der FrSm die Einnahme des **ICC_COM**-Zustandes in den weiteren betroffenen Kommunikationsmodulen. Der Wechseln nach **ICC_COM** führt abschließend zur Aktivierung des ICCs.

Die erfolgreiche Aktivierung wird an den ComM zurückgespiegelt. Dieser nimmt seinen in **FULL_COM** bestehenden Run-Requests zurück (vlg. Abschnitt 2.7.6), bei einem Wechsel aus **ICC_COM** wird der Run-Requests wieder gestellt.

Ist eine Aktivierung nicht möglich oder ist dem Kanal beispielsweise kein ICC zugeordnet, erfolgt keine Rücknahme des Run-Requests, der Kanal bleibt weiterhin in **FULL_COM** und die softwaregesteuerte Kommunikation wird aufrechterhalten.

Voraussetzung für dieses Vorgehen ist die weiterhin bestehende Kommunikationspflicht der SW-Cs, da deren Anforderung von **ICC_COM** nicht verpflichtend zu einem Zustandswechsel führt.

4.2.2.4. Vergleich und Bewertung

Durch eine Steuerung der ICC-Kommunikation über den BswM können aufwendige Anpassungen existierender AUTOSAR-Module vermieden werden. Der Implementierungsaufwand ist damit minimal. Insbesondere als Übergangslösung oder bei der Verwendung von nicht standardisierten Funktionen ist dieser Ansatz damit eine geeignet Alternative.

Kriterium	BswM (Var. I)	Hauptz. (Var. IIa)	Unterz. (Var. IIb)
Implementierungsaufw.	++	−−	−
Wiederverwendbarkeit	−−	++	++
Anwendbarkeit	−	++	++
BSW- Kompatibilität	o	−−	++
Applikationskomp.	o	−−	++

Tabelle 4.2.: Bewertung der verschiedenen Integrationsansätze anhand der in Abschnitt 4.2.2 definierten Kriterien (−− = sehr schlecht, o = neutral, ++ = sehr gut).

Die angeforderten BswM-Modes, die Regeln und die Action Lists werden zur Systemdesignzeit erstellt und sind vollständig implementierungsabhängig. Die Applikation muss daher die nicht im Rahmen von AUTOSAR standardisierten BswM-Zustände kennen und anfordern können. Dieser Ansatz bietet damit keine standardisierte Schnittstelle zwischen den SW-Cs und der RTE bzw. BSW. Die Anwendbarkeit wird dadurch erschwert, da viel Konfigurationskenntnis in die Applikation übertragen wird.

In Summe entfällt für den BswM-Ansatz zwar eine Anpassung existierender AUTOSAR-Module, die Nachteile überwiegen jedoch deutlich: zum einen existiert durch die fehlende Berücksichtigung des ICCs in den BSW-Modulen keine Möglichkeit zur Fehlerbehandlung. Zudem muss die BswM-Konfiguration stets neu erstellt werden. Die durch eine standardisierte Umsetzung in der BSW ermöglichte Wiederverwendbarkeit ist nicht gegeben. Zusätzlich steigen Komplexität und Umfang der BswM-Konfiguration in Abhängigkeit der Anzahl von anfordernden SW-Cs, ICC-Konfigurationen und Zielzuständen des Microcontrollers stark an. Als weiterer Nachteil kann der ICC je nach Wahl der BswM-Regeln aktiviert werden, obwohl der Zustand betroffener SW-Cs nicht für eine ICC-Aktivierung geeignet ist. Es lässt sich damit keine allgemeine Aussage über die Rückwärtskompatibilität treffen.

Zusammenfassend ist der BswM-Ansatz nach Variante I nicht für eine Verwaltung des ICC-Kommunikationszustandes geeignet, da dessen Auswirkungen auf die BSW-Module nicht berücksichtigt werden können.

Alternativ zu einer implementierungsabhängigen Integration des ICCs durch den BswM, sollte der neue **ICC_COM**-Zustand für eine langfristig geeignete Lösung im AUTOSAR-Kommunikationsstack abgebildet werden. Dies kann durch Einführung eines neuen Haupt- oder Unterzustandes erfolgen.

Für beide Varianten stellt **ICC_COM** immer einen reinen Kommunikationszustand dar. Weitere Aktionen, wie z. B. das Wechseln in einen energiesparenden Zustand, erfolgen nachgelagert, wenn die Applikationssoftware erkennt, dass die Kommunikation vom ICC übernommen wurde. Beide Ansätze bieten eine standardisierte Schnittstelle, der ICC-Modus ist wie die anderen Zustände des ComM eindeutig definiert. Damit können bestehende Mechanismen wie beispielsweise die Verwaltung der Kommunikationsanforderungen über User zum Teil wiederverwendet werden. Die Anwendbarkeit und Wiederverwendbarkeit ist damit sehr hoch.

Eine Ergänzung des ComM um einen eigenständigen neuen Zustand nach Variante IIa ist jedoch nicht rückwärtskompatibel: alle BSW-Module und insbesondere SW-Cs welche den aktuellen Kommunikationszustand aktiv abfragen oder über Notifizierungsmechanismen gemeldet bekommen, müssen an den neuen Rück- bzw. Übergabewert angepasst werden.

Für Variante IIb beschränken sich hingegen die notwendigen Änderungen auf die Einführung des neuen Unterzustandes in den direkt ICC-relevanten BSW-Modulen. Zudem muss die Übergabe von Kommunikationsrechten zwischen Software und ICC durch die betroffenen Module verwaltet werden. In der im nächsten Abschnitt skizzierten prototypischen Implementierung wurden dazu, abgesehen vom FlexRay Network Management (FrNm), nur der ComM und die FlexRay-relevanten BSW-Module angepasst (vgl. Abschnitt 2.7.5.2). Weitere Module sind nicht betroffen.

Alle weiteren Module erhalten bei der Abfrage des aktuellen Kommunikationsmodus weiterhin die bekannten und damit gültigen Zustände **NO_COM** oder **FULL_-COM** zurück und müssen den neuen ICC-Zustand nicht kennen. Damit sind zwei wesentliche Kriterien zur Sicherstellung der Rückwärtskompatibilität gewährleistet.

Aufgrund der höheren Rückwärtskompatibilität und der Verwendung von standardisierten Schnittstellen wurde in dieser Arbeit die Integration des ICC über einen Unterzustand des bestehenden Kommunikationszustandes **FULL_COM** prototypisch umgesetzt. Die Abbildung über einen neuen Hauptzustand bietet im Vergleich keine weiteren Vorteile.

4.2.3. Prototypische Evaluierung

Dem Ergebnis der vergangenen Bewertung folgend, wurde im Rahmen dieser Arbeit die Abbildung der ICC-Kommunikation als Unterzustand von **FULL_COM** nach Variante IIb prototypisch implementiert. Die dafür notwendigen Anpassungen der AUTOSAR-Basissoftware werden im Folgenden erläutert.

Communication Manager (ComM)

Abbildung 4.7 zeigt die vereinfachte erweiterte Zustandsmaschine des ComM. Innerhalb vom Hauptzustand **COMM_FULL_COMMUNICATION** unterscheidet der ComM heute zwischen den zwei Unterzuständen **COMM_FULL_COM_READY_-SLEEP** und **COMM_FULL_COM_NETWORK_REQUESTED**. Im ersten Zustand muss der Knoten eingehende NM-Nachrichten zeitlich überwachen. Trifft über eine definierbaren Zeitraum keine NM-Nachricht ein, muss der Kanal abgeschaltet werden. Im zweiten Zustand liegt mindestens eine lokale **FULL_COM**-Anfrage vor und der Knoten hält den zugeordneten Kanal aktiv wach, d. h. die Behandlung des Netzwerkmanagements (NM) beschränkt sich auf die Versendung von NM-Nachrichten.

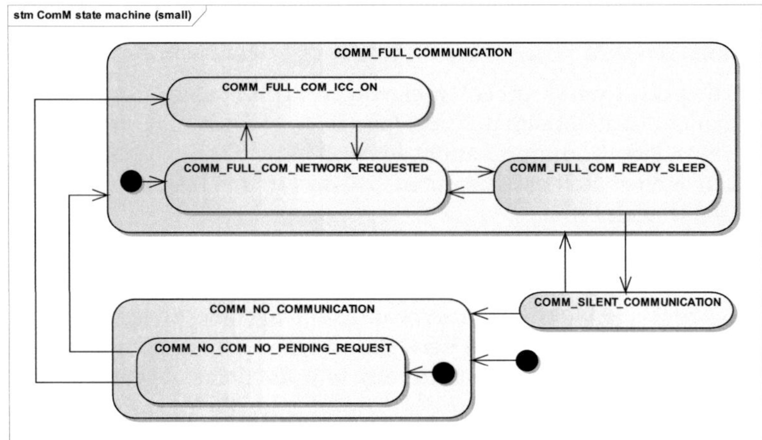

Abbildung 4.7.: Vereinfachte, um den Unterzustand **COMM_FULL_COM_ICC_ON** erweiterte Zustandsmaschine des Communication Managers (vgl. [AUT11d]).

Für einen Übergang von **COMM_FULL_COM_READY_SLEEP** nach **COMM_FULL_-COM_ICC_ON** müsste die zeitliche NM-Überwachung zwischen ICC und Software bei der Aktivierung und Deaktivierung des ICCs synchronisiert werden. Dies würde u. a. deutliche Änderungsaufwände im FrNm-Modul erfordern.

Um die Behandlung des Netzwerkmanagements zu vereinfachen, ist im regulären Betrieb daher ein Übergang nach **COMM_FULL_COM_ICC_ON** nur aus dem Unterzustand **COMM_FULL_COM_NETWORK_REQUESTED** möglich. Bei aktivem ICC ist damit eine selbständige Versendung von NM-Nachrichten durch den ICC ausreichend. Fahrzeugzustände, welche zur Einstellung der Netzwerkkommunikation führen, müssen durch Definition geeigneter Weckgründe erkannt werden.

Zur Initialisierung des ComM nach einem ICC-Weckereignis aus dem unbestromten Zustand ist zudem ein direkter Übergang vom Startzustand **COMM_NO_COM_-NO_PENDING_REQUEST** des ComM nach **COMM_FULL_COM_ICC_ON** möglich.

FlexRay Network Management (FrNm)

Das FrNm-Modul stellt die in Abschnitt 2.7.5.1 beschriebenen Funktionalitäten des AUTOSAR-Netzwerkmanagements bereit. Der ICC lässt sich im ComM nur ausgehend vom ComM-Zustand **COMM_FULL_COM_NETWORK_REQUESTED** aktivieren. Das Netzwerkmanagement des Knotens ist damit aktiv, im FrNm ist zur Aktivierung des ICCs keine Sonderbehandlung erforderlich.

Nach einem Weckereignis aus dem unbestromten Zustand muss das FrNm wieder in den ursprünglichen Zustand versetzt werden. Ist der ICC als Kommunikationskanal-spezifische Weckquelle konfiguriert, erfolgt dies automatisch durch den EcuM (vgl. Abschnitt 2.7.3).

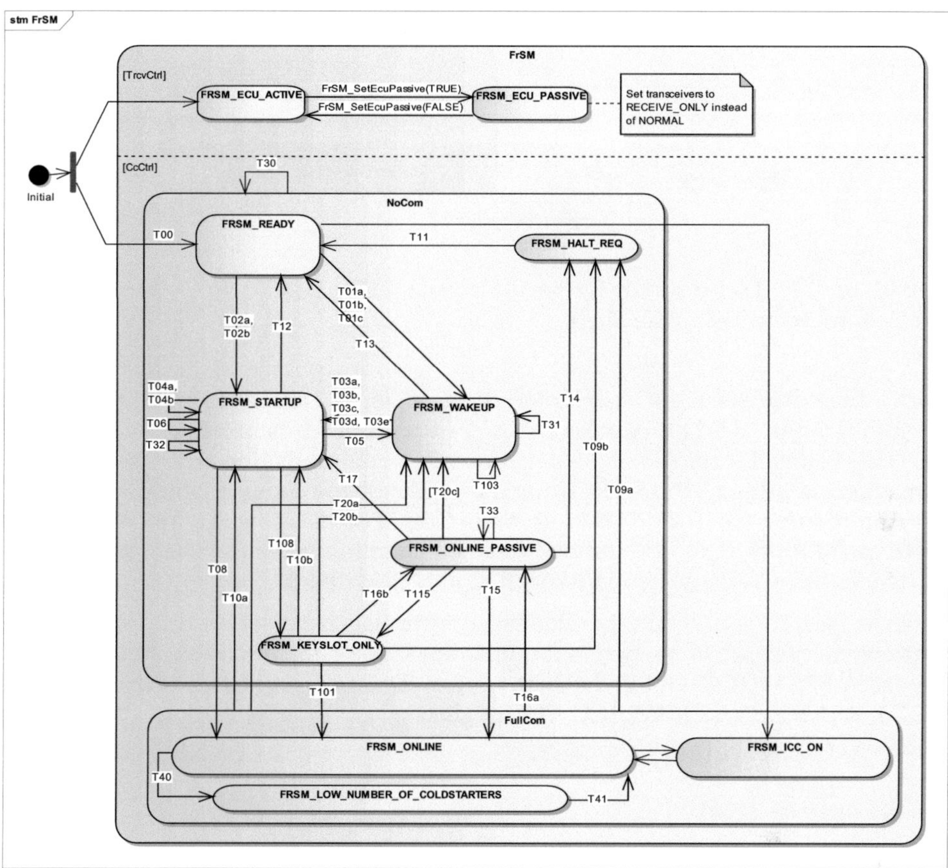

Abbildung 4.8.: Die um den Unterzustand **FRSM_ICC_ON** erweiterte Zustandsmaschine des FlexRay State Managers (vgl. [AUT11h]).

FlexRay State Manager (FrSm)

Hauptaufgabe der Zustandsmaschine des FrSm-Moduls ist die korrekte Initialisierung und Steuerung des FlexRay Kommunikationskontrollers. Das Modul erhält den Zielkommunikationszustand (bisher **FULL_COM** oder **NO_COM**) durch den ComM und übernimmt die Überwachung und Anpassung des erforderlichen CC-Zustandes.

Ein Großteil der in Abbildung 4.8 gezeigten Übergänge der FrSm-Zustandsmaschine ist für den Übergang des CCs nach **NORMAL ACTIVE** zuständig (vgl. Abschnitt 2.3.5.2). Eine Zustandsänderung des FrSm wird dem FlexRay Interface (FrIf) mitgeteilt. Je nach Abstraktionsebene führt das FrIf die für einen Übergang notwendigen Aktionen selbst aus oder delegiert die Ausführung an den FlexRay Bustreiber (Fr). Eine genaue Beschreibung der Zustände und Übergangskriterien findet man in der Spezifikation des FrSm [AUT11h].

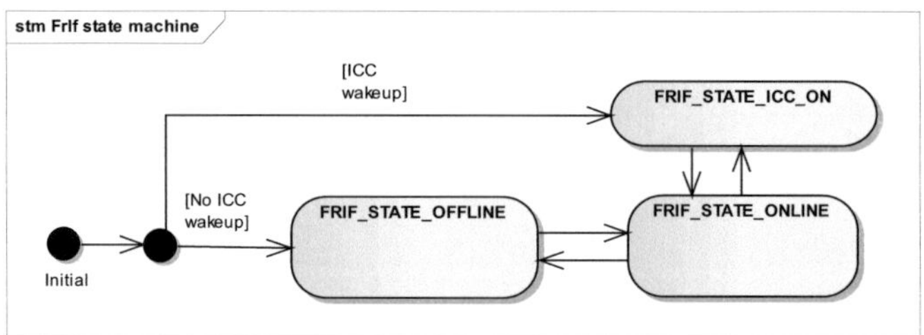

Abbildung 4.9.: Das um den internen Zustand **FRIF_STATE_ICC_ON** erweiterte FlexRay Interface (vgl. [AUT11g]).

Zur Aktivierung des ICCs ist erforderlich, dass der CC lauffähig ist, d. h. das sich die in Abschnitt 2.3.5.2 beschriebene POC-Zustandsmaschine des CCs in **NORMAL ACTIVE** befindet, und die softwaregesteuerte Kommunikation aktiv ist (FrSm im Unterzustand **FRSM_ONLINE**). Unter diesen Randbedingungen wird der ICC nach der Anforderung von **ICC_COM** durch den ComM beim Übergang von **FRSM_ON-LINE** nach **FRSM_ICC_ON** aktiviert und bei Anforderung eines beliebigen anderen Zustandes beim Verlassen von **FRSM_ICC_ON** deaktiviert.

Befanden sich CPU und Speicher des Microcontrollers bei aktivem ICC in einem unbestromten Zustand, muss der Kommunikationsstack nach einem ICC-Weckereignis wieder in **FRSM_ICC_ON** initialisiert werden. Dazu ist ein direkter Übergang von **FRSM_READY** nach **FRSM_ICC_ON** möglich.

FlexRay Interface (FrIf)

Das FlexRay Interface verwendet keine vollständige Zustandsmaschine, enhält aber die zwei internen Zustände **FRIF_STATE_ONLINE** und **FRIF_STATE_OFFLINE**. Der Übergang nach **FRIF_STATE_ONLINE** wird durch den FrSm bei einem Wechseln nach **FRSM_ONLINE** angefordert. Analog wird das FrIf bei Verlassen dieses Zustandes nach **FRIF_STATE_OFFLINE** versetzt.

In **FRIF_STATE_ONLINE** startet das FrIf die Ausführung von Sende- und Empfangstasks, welche Sendedaten aus höheren AUTOSAR-Schichten übernehmen bzw. abfragen und über den FlexRay Bustreiber zur Versendung an den CC übergeben. In Empfangsrichtung werden vom CC empfangene Frames üblicherweise per Polling abgefragt und an die höheren Kommunikationsmodule weitergereicht.

Der neue **FRIF_STATE_ICC_ON**-Zustand ist analog zum Vorgehen im FrSm im normalen Betrieb nur von **FRIF_STATE_ONLINE** erreichbar. Wird das FrIf im Falle eines ICC-Weckereignis aus dem unbestromten Zustand initialisiert, erfolgt ein direkter Wechsel nach **FRIF_STATE_ICC_ON**.

Zusätzlich zu den Kommunikationsstack-relevanten Änderungen ist das FrIf als gültige Weckquelle konfiguriert: bei einem Steuergerätestart wird vor der vollständigen

Softwareinitialisierung geprüft, ob ein gültiges ICC-Weckereignis vorliegt und im positiven Fall an den EcuM gemeldet (vgl. Abschnitt 2.7.3). Die hardwarespezifische Abfrage des Weckereignisses erfolgt über den FlexRay Bustreiber.

FlexRay Bustreiber (Fr)

Der FlexRay Bustreiber abstrahiert die konkrete Implementierung des CCs gegenüber höheren Schichten. Auf Basis einer allgemeinen, in der FlexRay-Spezifikation festgelegten POC-Zustandsmaschine können die restlichen Module damit vollständig hardwareunabhängig ausgelegt werden.

Entsprechend diesem Vorgehen wurden in dieser Arbeit die über dem Bustreiber angeordneten Module auf Basis der allgemeinen, in Abschnitt 4.1.2 erläuterten ICC-Funktionen, erweitert. Dazu gehören Mechanismen zur Aktivierung, Deaktivierung, Konfiguration und Statusabfrage des ICCs sowie die Überprüfung auf Weckereignisse. Die hardwareabhängige Implementierung ist alleine im Bustreiber gekapselt.

COM-Modul

Zur Reduzierung der Reaktionszeiten der Applikationssoftware nach einem ICC-Weckereignis müssen im ICC zwischengespeicherte Nachrichten ausgelesen werden, um von der Applikation benötigte Signale mit gültigen Werten zu befüllen.

In der umgesetzten Implementierung werden dazu beim Zurücksetzten der Weckquellen alle im ICC gespeicherten Frames über den regulären Empfangspfad eingelesen und damit über die bestehenden AUTOSAR-Mechanismen die betroffenen Signale aktualisiert.

Um sicherzustellen, dass beim Übergang zur softwaregesteuerten Kommunikation kein Sprung der Sendewerte erfolgt, werden vor Deaktivierung des ICCs zudem die Signalwerte des COM-Moduls an die vom ICC versendeten Werte angepasst.

4.3. Auswirkungen auf die Funktionssicherheit

Die Bewertung und Sicherstellung der Funktionssicherheit von Fahrzeugsystemen hat mit der zunehmend ansteigenden Komplexität der Fahrzeugelektronik stark an Bedeutung gewonnen. Die industrieweite Definition von Anforderungen und Vorgehensweisen erfolgt in der sehr bedeutsamen Norm ISO 26262 [Int11].

Für die Verwendung des ICC-Konzeptes müssen hinsichtlich der funktionalen Sicherheit insbesondere folgende Aspekte bei der Steuergeräteentwicklung berücksichtigt werden:

- die Auswirkungen eines schlafenden Microcontrollers auf lokaler Ebene.

- die Auswirkungen von durch den ICC gesendeten Signalwerten mit fehlerhaftem Inhalt.

- die Filterung von empfangenen Signalen mit falschem Inhalt durch den ICC.

Die in Abschnitt 4.1.1 erläuterten zu berücksichtigenden lokalen Fehlerquellen, welche beispielsweise aufgrund undefinierter Pegel an I/O-Pins des Microcontrollers entstehen können, müssen vom Steuergeräteentwickler—also typischerweise dem Zulieferer—berücksichtigt werden. Ergeben sich hier kritische Zustände, müssen diese z. B. durch Wahl des Microcontroller-Schlafzustandes oder durch geeignete Beschaltung und Anbindung von Steuergeräte-Komponenten abgestellt werden. Ist dies nicht möglich, ist der Einsatz des ICCs für die entsprechenden Zustände nicht zulässig.

Aus Vernetzungssicht muss bei der ICC-Konfigurationserstellung untersucht werden, welche Auswirkungen fehlerhafte durch den ICC gesendete Signale auf den Betrieb eines Fahrzeugs haben können. Grundsätzlich kann eine fehlerhafte Konfiguration zum Auftreten von Fehlermeldungen und zu Einschränkungen von Fahrzeugfunktionen führen. Die Funktionssicherheit des Fahrzeugs ist dabei aber nicht gefährdet: für sicherheitsrelevante Systeme ist bereits heute stets eine mehrfache Absicherung im Empfänger notwendig. Kritische empfangene Signalwerte müssen also z. B. über redundante Übertragungsstrecken validiert werden. Im Falle der Airbag-Auslösung kann daher beispielsweise ein einzelnes fehlerhaftes Anforderungssignal nicht zum fälschlichen Zünden des Airbags führen.

Zusammenfassend können sich bei fehlerhafter Konfiguration des ICCs in Senderichtung Einschränkungen von Fahrzeugsystemen ergeben. Kritische, aufgrund eines fehlerhaften Sendeknotens auftretende Fehlerfälle, welche beispielsweise Personenschäden zur Folge haben können, müssen bereits heute im Empfänger abgesichert und vermieden werden. Da der ICC aus Bussicht als regulärer Sendeknoten zu werten ist, greifen die heutigen Absicherungsmaßnahmen.

In Empfangsrichtung können sich Datenfilter des ICCs auf Signale mit fehlerhaften Werten beziehen. Mögliche resultierende Fehlerszenarien müssen systematisch identifiziert und analysiert werden. Prinzipiell ergeben sich hierbei zwei grundsätzliche Ergebnisse:

1. der empfangene fehlerhafte Signalwert würde auch von der Steuergerätesoftware nicht erkannt werden, da z. B. keine weitere Absicherung vorgenommen wird. Für das Entstehen des potentiellen Fehlers ist damit unerheblich, ob dieser im ICC-Betrieb oder während der regulären Softwareausführung auftritt.

   Nimmt man beispielsweise an, dass ein Steuergerät die Innenlichtsteuerung auf Basis des Signals *InteriorLight* koordiniert (mögliche Werte „On"/„Off") und der Knoten schlafen kann, wenn *InteriorLight* den Wert „Off" hat. Wird dann das Signal fälschlicherweise mit dem Wert „Off" empfangen, ist es unerheblich, ob das Innenlicht aufgrund des falschen Signalwertes nicht aktiviert wird oder der ICC das Steuergerät nicht aufweckt, da die entsprechende Datenfilterbedingung nicht erfüllt wird.

2. ergibt sich bei der Analyse jedoch, dass durch die ICC-Aktivierung bestehende, einem Signal zugehörige Absicherungsmaßnahmen außer Kraft gesetzt werden, ist dessen Verwendung nicht zulässig.

Die detaillierte Untersuchung der Auswirkungen von empfangenen bzw. gesendeten Signalen mit fehlerhaften Werten bei aktivem ICC und die Berücksichtigung der Ergebnisse bei der Lastenhefterstellung sollten stets in der Verantwortung des OEMs liegen.

4.4. ICC-Konzeptumsetzung

Um die Tauglichkeit des ICC-Konzeptes zu prüfen, wurde in dieser Arbeit ein prototypisches ICC-fähiges Steuergerät entwickelt. Dazu wurde zuerst ein FPGA-basierter ICC-Prototyp implementiert, welcher die in Abschnitt 4.1 formulierten Anforderungen umsetzt. Da eine reine FPGA-basierte Lösung nicht für eine vollständige Konzeptabsicherung tauglich ist, wurde zudem ein Hardwareaufbau erstellt, in welchem der ICC von einer auf einem regulären Microcontroller ausgeführten Software verwendet werden kann. Dieser Aufbau erlaubt die Verwendung eines kommerziellen für die Steuergeräteentwicklung freigegebenen AUTOSAR-Stacks, welcher entsprechend der im vorherigen Abschnitt beschriebenen ICC-spezifischen Modifikationen erweitert wurde.

Die in den nächsten Abschnitten folgende Beschreibung der im Rahmen der Arbeit erfolgten Entwicklungsaktivitäten teilen sich wie folgt auf:

- einleitend werden Aufbau und Funktionsweise der prototypischen ICC-Implementierung erläutert.

- zudem wird der vollständige Testaufbau vorgestellt, welcher die Verwendung des ICCs durch einer auf einem regulären Microcontroller ausgeführten Software erlaubt.

- anschließend wird die auf dem Testaufbau umgesetzte ICC-Beispielanwendung beschrieben, welche auf Basis eines um die ICC-Funktionalitäten erweiterten AUTOSAR-Stacks umgesetzt wurde (vgl. Abschnitt 4.2).

- auf Basis der durch den Demonstrator gewonnenen Erkenntnisse und der gemessenen Leistungsaufnahme von ICC-geeigneten Steuergeräten wird abschließend das Einsparpotential der Knoten-selektiven Abschätzung mit der zu Beginn der Arbeit vorgenommenen theoretischen Abschätzung verglichen.

4.4.1. ICC-Implementierungsvorschlag

Zur Erstellung des vollständigen Demonstrators wurde im Rahmen der Arbeit zunächst ein FPGA-basierter ICC entwickelt. Als Basis dient die E-Ray FlexRay IP der Robert Bosch GmbH (vgl. Abschnitt 2.3.5). Das E-Ray Modul findet beispielsweise auf Microcontrollern von Renesas und Infineon Verwendung.

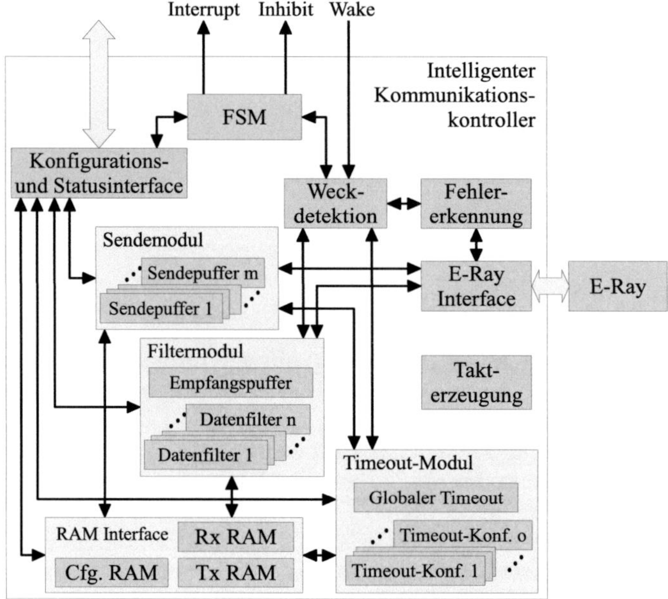

Abbildung 4.10.: Schematischer Aufbau der prototypischen ICC-Implementierung.

In der Arbeit wurde keine direkte Änderung am E-Ray vorgenommen, die entwickelten ICC-Funktionen sind stattdessen als Ergänzung zum E-Ray ausgelegt. Abbildung 4.10 zeigt den resultierenden schematischen Aufbau der Implementierung.

Weckereignisse werden durch den ICC über dessen Interrupt-Pin angezeigt. Zur optionalen Steuerung eines externen Spannungsreglers kann der Inhibit-Pin verwendet werden. Zusätzlich zu busspezifischen Weckgründen kann der ICC über einen Flankenwechsel am Wake-Pin durch eine lokale Quelle geweckt werden.

Die weiteren wesentlichen Komponenten des ICCs sind:

- eine *Finite State Machine* (FSM), welche den Ablauf des ICCs steuert.

- das Konfigurations- und Statusinterface, durch welches ICC-interne Parameter konfiguriert und ausgelesen werden können.

- ein Modul zur Fehlererkennung.

- ein Modul zur Erkennung und Auslösung von Weckereignissen.

- das Interface zum E-Ray, durch welches neue empfangene Nachrichten ausgelesen und die Versendung von Nachrichten angestoßen werden sowie zusätzlich eine Auswertung des POC-Zustandes des E-Rays erfolgt.

- das Sendemodul, welches eine Versendung statischer Frames mit einer wählbaren Zykluszeit auslöst.

- das Filtermodul, welches eingehende Frames anhand konfigurierbarer Datenfilter auf Weckgründe prüft.

- das für die Überwachung eines regelmäßigen Ansprechens der Datenfilter zuständige Timeout-Modul.

- sowie der interne Speicher, unterteilt in Konfigurationsspeicher (Cfg. RAM), Ablage für gefilterte eingehende Frames (Rx RAM) und Speicher für die Sendedaten der Sendepuffer (Tx RAM).

Nach einer Übersicht über die wichtigsten, über das Konfigurations- und Statusinterface schreib- und lesbaren ICC-Parameter werden in den nächsten Abschnitten Aufgabe und Funktionsweise der einzelnen Module erläutert.

4.4.1.1. Konfigurations- und Statusinterface

Der ICC wird über interne Parameter gesteuert, welche zum Teil über das Konfigurationsinterface modifizierbar sind. Über das Statusinterface können zudem durch den ICC gesetzt Statusparameter wie z. B. der aktuelle ICC-Zustand oder der letzte Weckgrund ausgelesen werden. In Summe werden über das Konfigurations- und Statusinterface alle für die Applikationssoftware relevanten ICC-Parameter gekapselt.

Beim lesenden Zugriff stellt das Modul auf Basis der angelegten Adresse Statusinformationen oder den Inhalt der internen RAMs zur Verfügung. Beim schreibenden Zugriff werden die internen ICC-Module auf Basis der übergebenen Daten, der Busadresse und des aktuellen ICC-Zustandes konfiguriert.

Wie in Abschnitt 4.2.3 beschrieben, wurde zur Umsetzung AUTOSAR der FlexRay-Treiber um ICC-spezifischen Funktionen erweitert. Durch diese Kapselung können alle weiteren angepassten BSW-Module ohne zusätzlichen Änderungsaufwand auch für abweichende ICC-Implementierung wiederverwendet werden.

In Tabelle 4.3 sind die für folgenden Abschnitte relevanten Parameter aufgeführt.

4.4.1.2. ICC Zustandsmaschine

Der ICC wird über die in Abbildung 4.11 gezeigte FSM mit insgesamt sechs Hauptzuständen gesteuert: **INIT, SYNC LOSS, READY, CONFIG, ACTIVE** und **WAKEUP**. Der aktuelle Zustand kann über den Parameter `Icc.STATE` abgefragt werden.

Die Zustände **INIT, SYNC LOSS** und **WAKEUP** werden aufgrund interner Bedingungen eingenommen. Die Zustandsübergänge nach **CONFIG** und **ACTIVE** werden durch eine externe Anforderung über das Konfigurationsinterface gesteuert. Der Wechsel nach **READY** hängt, wie im Folgenden erklärt, sowohl vom angeforderten ICC Zustand, als auch von internen Bedingungen ab.

Nach einem Reset befindet sich der ICC stets im Zustand **INIT**. Der Inhibit-Pin wird auf „1" gesetzt und die gesamte Konfiguration sowie alle Statusinformationen des ICCs werden zurückgesetzt.

Parameter	H/I	Beschreibung
		Allgemeine ICC-Parameter
`Icc.STATE`	I	Aktueller Zustand der ICC-FSM
`Icc.REQUESTED_STATE`	H	Angeforderter FSM-Zustand
`WakeupRequest.RX_FILTER`	I	Weckereignis eines Datenfilters
`WakeupRequest.TIMEOUT`	I	Timeout eines Datenfilters
`WakeupRequest.RX_ERROR`	I	Unerwartete Payload-Länge eines Frames
`WakeupRequest.SYNC_LOSS`	I	Synchronisationsverlust des E-Rays
		Parameter für Datenfilter (DF) i
`RxFilter(i).ACTIVE`	H	DF wird bei aktivem ICC ausgeführt
`RxFilter(i).NO_FRAMES`	H	Zu speicherende Anzahl von angesprochenen Frames
`RxFilter(i).TRIGGER_WAKEUP`	H	DF weckt nach konfigurierter Anzahl von angesprochenen Frames
`RxFilter(i).MATCHED`	I	DF hat während aktivem ICC angesprochen
		Parameter für Timeout-Konfiguration k
`TimeoutFilter(k).ACTIVE`	H	Timeout-Überwachung für DF k aktiv
`TimeoutFilter(k).TIMEOUT_AT`	H	Timeout-Schwellwert
`TimeoutFilter(k).TO_CTR`	I	Aktueller Timerwert
`TimeoutFilter(k).TIMEOUT`	I	Timeout für DF k hat ausgelöst
		Parameter für Sendepuffer j
`TxBuffer(j).TX_ENABLED`	H	Sendepuffer aktiv
`TxBuffer(j).PAYLOAD`	H	Statische Payload des Sendepuffers
`TxBuffer(j).CYCLE_TIME`	H	Zykluszeit des Frames
`TxBuffer(j).CYCLE_TIME_CTR`	I	Abgelaufene Zeit seit letzter Versendung

Tabelle 4.3.: Auszug der durch den Host (z. B. CPU) konfigurierbaren (H) bzw. durch den ICC gesetzten (I) Parametern.

Wird über `Icc.REQUESTED_STATE` der Zustand **READY** angefordert, wechselt der ICC zunächst nach **SYNC LOSS** und beginnt mit der Abfrage des aktuellen der POC-Zustandes des E-Rays (vgl. Abschnitt 2.3.5). Ist der POC-Zustand des E-Rays **NORMAL ACTIVE**, d. h. ist der E-Ray im regulären Sende- und Empfangsbetrieb, wechselt der ICC selbständig nach **READY**. Bei einer Änderung des POC-Zustandes wechselt der ICC zurück nach **SYNC LOSS**—eine Aktivierung des ICCs ist nicht möglich.

Der POC-Zustand wird ebenfalls in den Zuständen **READY**, **ACTIVE** und **WAKEUP** geprüft. Die Abfrage erfolgt periodisch durch das E-Ray Interface.

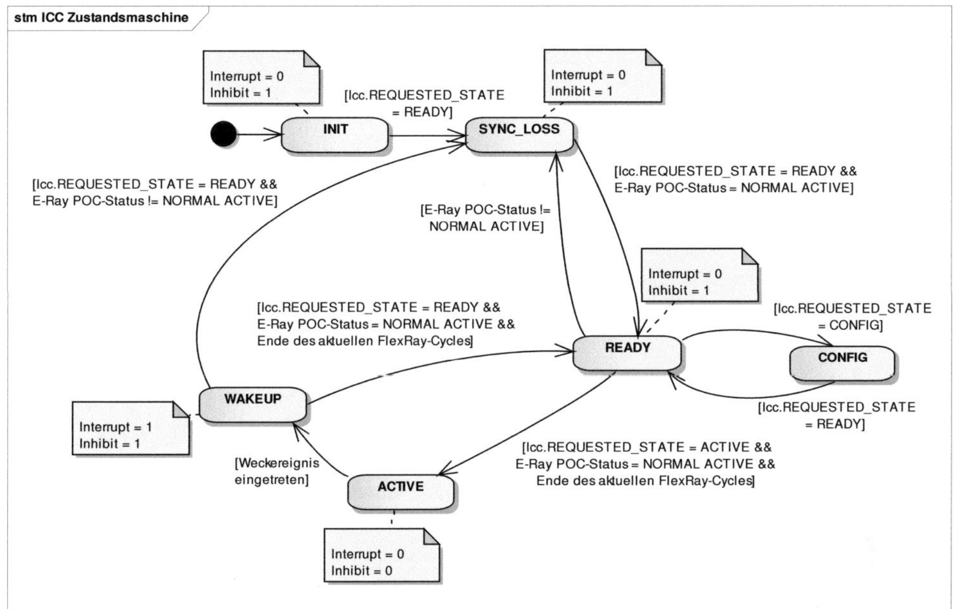

Abbildung 4.11.: ICC Zustandsmaschine.

Durch den Wechsel von **READY** nach **CONFIG** werden die ICC-internen Cfg., Tx und Rx RAMs über das Konfigurationsinterface verfügbar geschaltet. In den restlichen Zuständen sind die Speicher gegen externe Zugriffe geschützt. Zudem werden die Statusinformationen der Sendepuffer, der Empfangs- und der Timeout-Konfigurationen zurückgesetzt.

Ein Wechseln von **READY** nach **ACTIVE** findet nach externer Anforderung immer nur zum Ende eines FlexRay-Cycles statt. Damit wird ein fester Synchronisationspunkt definiert, welcher für die Übergabe der Kommunikation zwischen Software und ICC verwendet werden kann.

Zur Deaktivierung eines optional angeschlossenen Spannungsreglers setzt der ICC in **ACTIVE** seinen Inhibit-Pin auf „0" und beginnt mit der Prüfung von Weckereignissen. Dies können angesprochene Datenfilter, Timeout-Bedingungen oder ein Wechsel des POC-Zustandes aus **NORMAL ACTIVE** sein. Zusätzlich werden konfigurierte statische Nachrichten mit einer gegebenen Zykluszeit versendet.

Bei Auftreten eines Weckereignisses wechselt der ICC automatisch in den Zustand **WAKEUP**, die Inhibit- und Interrupt-Pins werden auf „1" gesetzt und die FSM wartet auf die Bearbeitung des Weckereignisses durch die Anwendung. In diesem Zustand ist die Filterung von eingehenden Nachrichten gestoppt, die Sendepuffer sind aber noch aktiv.

Die Applikation kann die erfolgte Bearbeitung des Wakeups und Aufnahmebereitschaft der Kommunikation durch Anforderung eines Zustandwechsels nach **READY** anzeigen. Ist der E-Ray im POC-Zustand **NORMAL ACTIVE** erfolgt danach zum Ende des aktuellen Cycles ein Übergang nach **READY**. Ansonsten wird in den Zustand **SYNC LOSS** gewechselt.

Wie in den folgenden Abschnitten beschrieben, ist die Funktionsweise des E-Ray Interface, der Fehlererkennung, der Sendepuffer sowie der Filter- und Timeout-Module direkt vom aktuellen FSM-Zustand abhängig. Das Verhalten der Takterzeugung und der Fehlererkennung ist FSM-unabhängig und wird durch konfigurierbare ICC-Parameter bestimmt.

4.4.1.3. E-Ray Interface

Das E-Ray Interface koordiniert die Kommunikation mit dem E-Ray über dessen CHI-Interface. Es kapselt damit die vom FlexRay CC abhängigen Zugriffsmechanismen. Durch Anpassung des Moduls kann der ICC ohne Auswirkungen auf weitere ICC-Module auch mit anderen FlexRay CCs kombiniert werden. Das vereinfachte Ablaufdiagramm ist in Abbildung 4.12 dargestellt.

Das Interface prüft in allen ICC-Zuständen außer **INIT** zyklisch den aktuellen POC-Zustand des E-Rays und legt den ermittelten Wert für die restlichen Module in einem ICC-internen Register ab.

Im Zustand **ACTIVE** wertet das E-Ray Interface zudem den Wert des Cycle und Slot Counters aus. Nach Beginn eines neuen Slots prüft das Modul, ob im vorherigen Slot eine neue Nachricht empfangen wurde. Wurde ein noch ungelesener Frame erkannt, überträgt das E-Ray Interface diesen inklusive zusätzlich benötigter Informationen wie der E-Ray Puffer-ID und den zugehörigen Cycle- und Slot-Werten in den internen Empfangspuffers des Filtermoduls. Durch das Auslesen aus dem E-Ray ist der Frame im nächsten Durchlauf nicht mehr als neu markiert. Die vollständige Übertragung zeigt das E-Ray Interface durch Setzen der Filteranforderung des Empfangspuffers an (`RxFilter.NEW_FRAME = 1`), danach setzt es seinen Funktionsablauf fort.

Durch dieses Vorgehen wird der Kommunikationsbedarf zwischen ICC und E-Ray im Vergleich zu einer zyklischen Abfrage aller Empfangspuffer des E-Rays erheblich reduziert. Es erfordert jedoch, dass alle Filteroperationen des ICCs innerhalb eines Slots durchgeführt werden. Ist dies nicht sichergestellt, arbeitet das Filtermodul beim Empfang von neuen Frames in zwei aufeinanderfolgenden Slots auf nicht konsistenten Inhalten des Empfangspuffers. Die zeitlichen Bedingungen für ein fehlerfreies Verhalten des ICCs werden in Abschnitt 4.4.1.7 hergeleitet.

Wurde kein neuer Frame empfangen, prüft das Interface, ob eine Sendeanforderung mindestens eines Sendepuffers vorliegt (`TxBuffer(j).TX_REQUEST = 1`). Im positiven Fall wird der Inhalt des Sendepuffers mit dem kleinsten Index in den E-Ray geschrieben, der zugehörige E-Ray Puffer als zu versendend markiert und die Sendeanforderung des Sendepuffers zurückgesetzt.

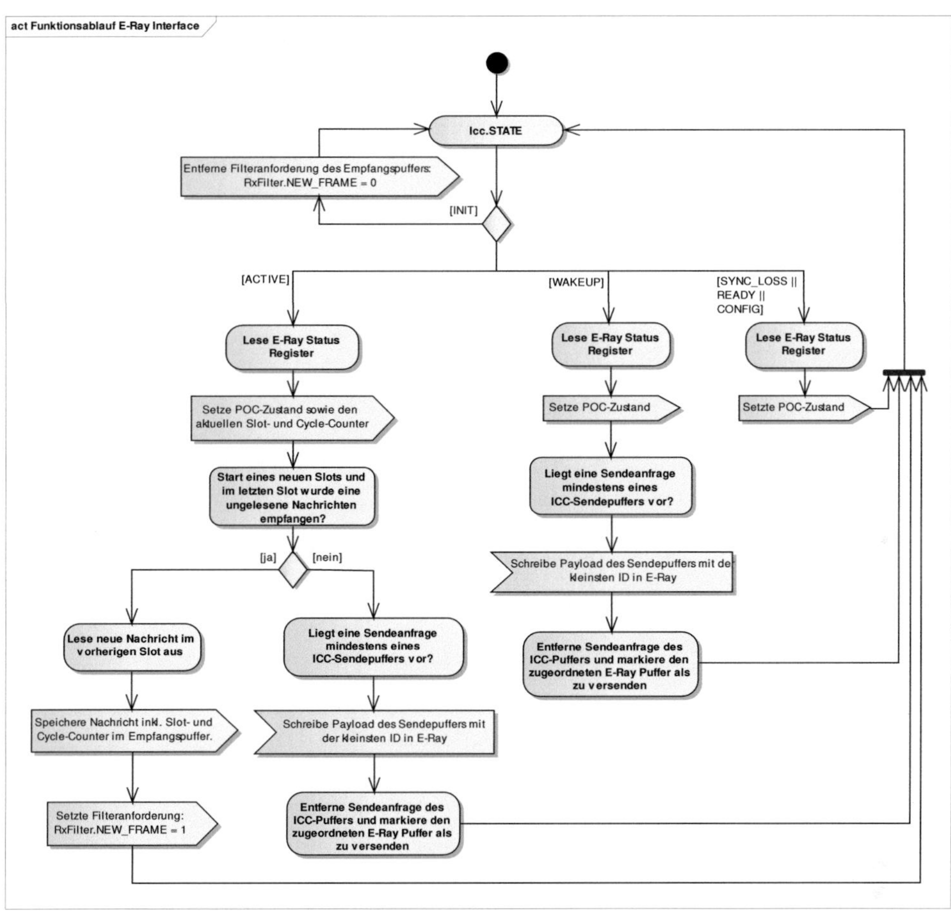

Abbildung 4.12.: Vereinfachter Funktionsablauf des E-Ray Interface.

Im ICC-Zustand **WAKEUP** wird die Filterung neuer Frames gestoppt, die Versendung von konfigurierten Frames erfolgt analog zum beschriebenen Vorgehen in Zustand **ACTIVE**.

4.4.1.4. Filtermodul

Die Filtereinheit koordiniert die Ausführung der ICC-Datenfilter nach Empfang eines neuen Frames bei aktivem ICC gemäß dem in Abbildung 4.13 gezeigten vereinfachten Funktionsablauf.

Befindet sich der ICC im Zustand **INIT** oder **CONFIG**, werden die Filteranforderungen RxFilter.NEW_FRAME des Nachrichtenpuffers sowie alle Status-Flags der Datenfilter zurückgesetzt. Ansonsten müssen keine weiteren Aktionen ausgeführt werden.

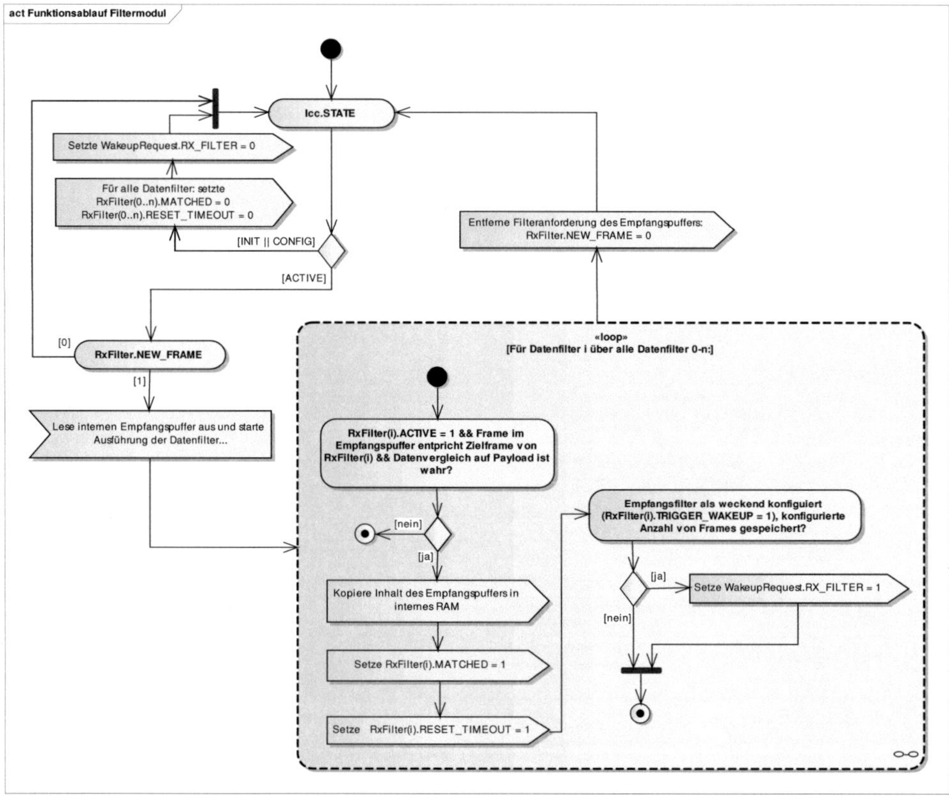

Abbildung 4.13.: Vereinfachter Funktionsablauf des ICC Filtermoduls.

Im Zustand **ACTIVE** werden eingehende Frames auf Weckgründe überwacht. Dazu überprüft das Filtermodul durch Ausführung einer bekannten Anzahl von Datenfiltern den Dateninhalt eingehender Frames. Die maximale Anzahl der Datenfilter n ist durch die Implementierung vorgegeben, jeder Filter verfügt über einen eindeutigen Index i.

Der Filterablauf gliedert sich wie folgt: das E-Ray Interface schreibt eingehende Frames in den Empfangspuffer des Filtermoduls und stößt dessen Filterungsprozess an. Das Filtermodul startet dazu die sequentielle Ausführung aller Datenfilter. Die Konfiguration des aktuellen Datenfilters i sei dabei in der Speicherstruktur RxFilter(i) gekapselt. Nach Ausführung des letzten Datenfilters wird die Filteranforderung zurückgesetzt (RxFilter.NEW_FRAME = 0).

Zu Beginn der Filterung wird überprüft, ob der Datenfilter konfiguriert wurde bzw. ausgeführt werden soll (RxFilter(i).ACTIVE = 1) und ob sich die Konfiguration des Datenfilters auf den im Puffer befindlichen Frame bezieht. Dazu können beispielsweise eine Cycle- und Slot-Konfiguration vorgegeben oder ein bestimmter E-Ray Puffer referenziert werden.

Ist der Frame nicht relevant, wird die Ausführung des Datenfilters beendet und das Filtermodul lädt den nächsten Datenfilter. Ansonsten wird die Payload-Länge des Frames mit dem durch die Datenfilterkonfiguration vorgegebenen Wert verglichen. Weicht die Länge vom erwarteten Wert ab, wird von einem Fehlerfall ausgegangen `WakeupRequest.RX_ERROR` = 1 gesetzt und der ICC löst ein Weckereignis aus.

Entspricht die Länge dem erwarteten Wert, wird die eigentliche Datenfilterung begonnen. Dazu wird ein durch die Konfiguration bestimmter Bereich in der Payload des Frames mit einem ebenfalls konfigurierbaren Vergleichswert und einer konfigurierbaren Vergleichsoperation verglichen. In der gewählten Implementierung ist die maximale Vergleichslänge auf 32 Bit begrenzt.

Ist der Vergleich „falsch", ist der Filter *negativ* und die nächste Filterkonfiguration wird geladen. Ist der Vergleich „wahr", gilt der Filter als *positiv* und der im Puffer hinterlegte Frame wird an eine konfigurierbare Adresse im ICC-internen RAM kopiert. Zudem wird das Zurücksetzen der optional zugeordneten Timeout-Überwachung angefordert (`WakeupRequest.RESET_TIMEOUT` = 1).

Die umgesetzte ICC-Implementierung unterstützt die ringförmige Speicherung einer variablen Anzahl von Frames pro Filter. Dabei wird die Anzahl der gespeicherten Frames pro Datenfilter in Form eines Statussignals mitverfolgt. Die Zieladresse berechnet sich aus der Anzahl der bereits gespeicherten Frames und der Frame-Länge, welche für die ICC-Filterung, wie beschrieben, auf statische Werte begrenzt ist.

Damit kann der ICC beispielsweise auch für signalverarbeitende Anwendungen verwendet werden, welche eine Signalhistorie benötigen. Da die Implementierung keine Zeitstempel vorsieht, ist die genaue Verwendung aber stark implementierungsabhängig.

Bei Überschreiten der maximalen Anzahl zu speichernder Frames wird der älteste Eintrag überschrieben. Wenn `RxFilter(i).TRIGGER_WAKEUP` = 1 ist, wird bei Erreichen der gegebenen Anzahl zudem ein Weckereignis signalisiert, indem des Status-Flag `WakeupRequest.RX_FILTER` = 1 gesetzt wird.

4.4.1.5. Timeout-Überwachung

Zu einer Erkennung von Weckereignissen ist neben einer datenbasierten Filterung eingehender Frames auch eine Überprüfung der Kommunikationsfähigkeit anderer Knoten notwendig. Die Datenfilter des ICCs können daher optional Timeout-überwacht werden.

Durch geeignete Konfiguration können Datenfilter allgemein das Eintreffen von Signalen bzw. den Empfang von gültigen Signalwerten, d. h. insbesondere Werte ungleich des SNA-Wertes überwachen. Spricht solch ein Datenfilter über einen konfigurierbaren Zeitraum nicht an, wird von einem Fehlerfall ausgegangen und der ICC

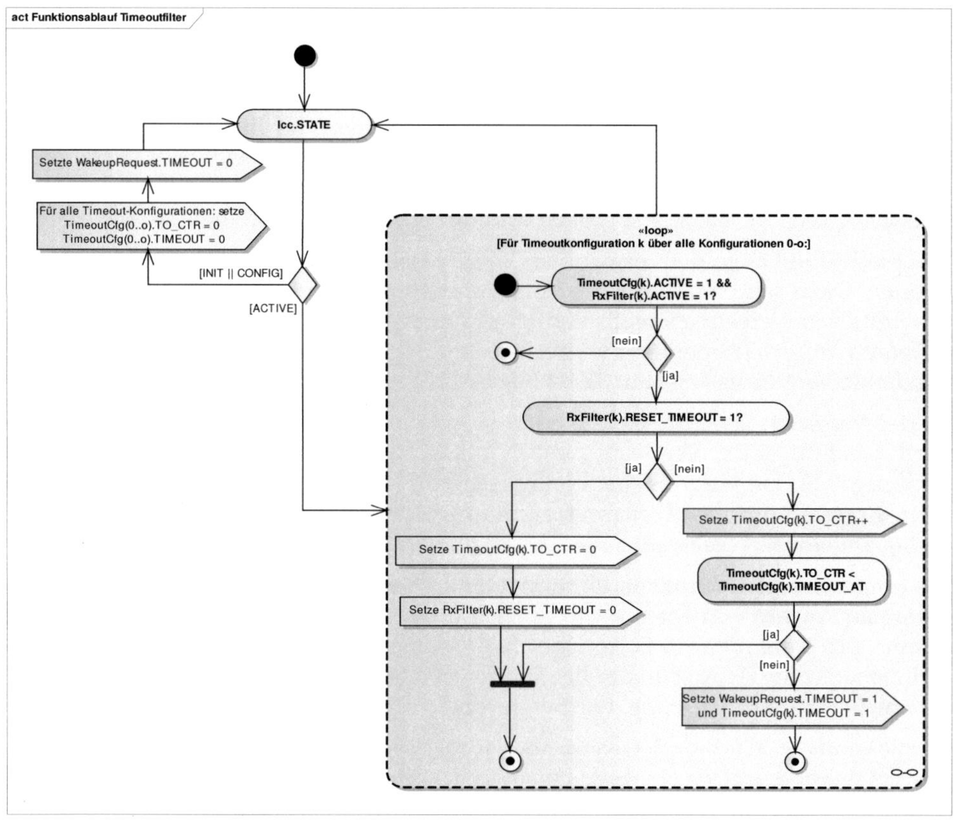

Abbildung 4.14.: Funktionsablauf des ICC Timeout-Moduls.

löst ein Weckereignis aus. Die konfigurierte Timeout-Dauer eines Filters kann sich dabei beispielsweise an der definierten Zykluszeit des gefilterten Signals orientieren.

Zur Überwachung prüft das Timeout-Modul zyklisch eine bekannte Anzahl von Timeout-Konfigurationen 0–o. Jede Konfiguration hat einen eindeutigen Index k und ist stets einem Datenfilter mit gleichem Index zugewiesen. Für die gewählte Umsetzung muss damit die Anzahl der Datenfilter mindestens der Anzahl der Timeout-Konfigurationen entsprechen ($n \geq o$).

Abbildung 4.14 zeigt den Funktionsablauf des Timeout-Moduls. In den ICC-Zuständen INIT und CONFIG werden Timeout-relevante Daten auf ihren Grundzustand zurückgesetzt.

Im Zustand **ACTIVE** wird periodisch für jede aktive Timeout-Konfiguration überprüft, ob der zugehörige Datenfilter aktiviert ist und ein Rücksetzen des Timeouts angefordert hat.

Im positiven Fall werden Timeout-Zähler und die Anforderung des Datenfilters zurückgesetzt. Ansonsten wird der Timeout-Zähler der aktuellen Konfiguration inkrementiert. Bei Erreichen des durch die Applikation gesetzten Timeout-Schwellwertes wird ein Weckereignis ausgelöst (`WakeupRequest.TIMEOUT=1`) und die auslösende Timeout-Konfiguration wird als Weckursache markiert.

Die Inkrementierung der Timeout-Zähler erfolgt mit einem niedrigen Grundtakt, um den Speicherbedarf der Zähler zu verringern. Wie in Abschnitt 4.4.1.7 beschrieben, erleichtert die Trennung des Filter- und Timeout-Moduls die Verwendung unterschiedlicher Versorgungstakte. Zudem kann die Anzahl der Datenfilter ohne Notwendigkeit unterschiedlicher Datenfilter-Implementierungen über der Anzahl der Timeout-Konfigurationen liegen. Aus Applikationssicht reduziert sich damit zusätzlich die Konfigurationskomplexität der jeweiligen Filter.

Nicht im Funktionsablauf dargestellt ist die Möglichkeit zur Erzeugung eines globalen filterunabhängigen Timeouts, welcher beispielsweise zum zyklischen Wecken des Microcontrollers verwendet werden kann.

4.4.1.6. Sendepuffer

Der ICC enthält eine statische Anzahl von Sendepuffern 0–m, deren Inhalt bei Bedarf mit einer konfigurierbaren Zykluszeit versendet werden kann.

Der Sendezyklus eines Sendepuffers wird vergleichbar zu den Timeout-Konfigurationen zählerbasiert durch einen Grundtakt gebildet. Wie in Abbildung 4.15 dargestellt, wird bei Erreichen der konfigurierten Zykluszeit eines Sendepuffers dessen Zykluszähler zurückgesetzt und eine Sendeanforderung gestellt, welche wie bereits beschrieben, durch das E-Ray Interface bearbeitet wird. Zur ressourcenoptimierten Umsetzung bezieht sich dabei jeder Sendepuffer auf einen bereits zur Versendung konfigurierten E-Ray Puffer.

Die Zykluszeit der ICC-Sendepuffer ist nicht an die Slot- und Cylce-Konfiguration des Zielframes gekoppelt. Der konkrete Sendezeitpunkt wird durch den E-Ray selbständig auf Basis der zugehörigen E-Ray Pufferkonfiguration bestimmt.

4.4.1.7. ICC-interne Taktversorgung

Zur effizienten Umsetzung der ICC-Funktionen werden die ICC-Module teilweise mit unterschiedlichen Takten versorgt. Für die Datenfilterung und das Auslesen von neuen Nachrichten ist beispielsweise ein wesentlich höherer Takt notwendig als für die Generierung der Zykluszeiten der Sendepuffer und des Timeout-Moduls.

Das für die Takterzeugung zuständige Modul des ICCs generiert daher auf Basis des FPGA-Bustaktes clk_{System} durch konfigurierbare Prescaler die Takte $clk_{Polling}$ und $clk_{CycleTimeBase}$.

Das E-Ray Interface fragt in der Frequenz $clk_{Polling}$ die E-Ray Status-Register ab, stößt die Versendung von Frames an und prüft auf Eintreffen neuer Frames. Die konfigurierbaren Zyklus- und Timeout-Werte der ICC-Sendepuffer und Timeout-Konfigu-

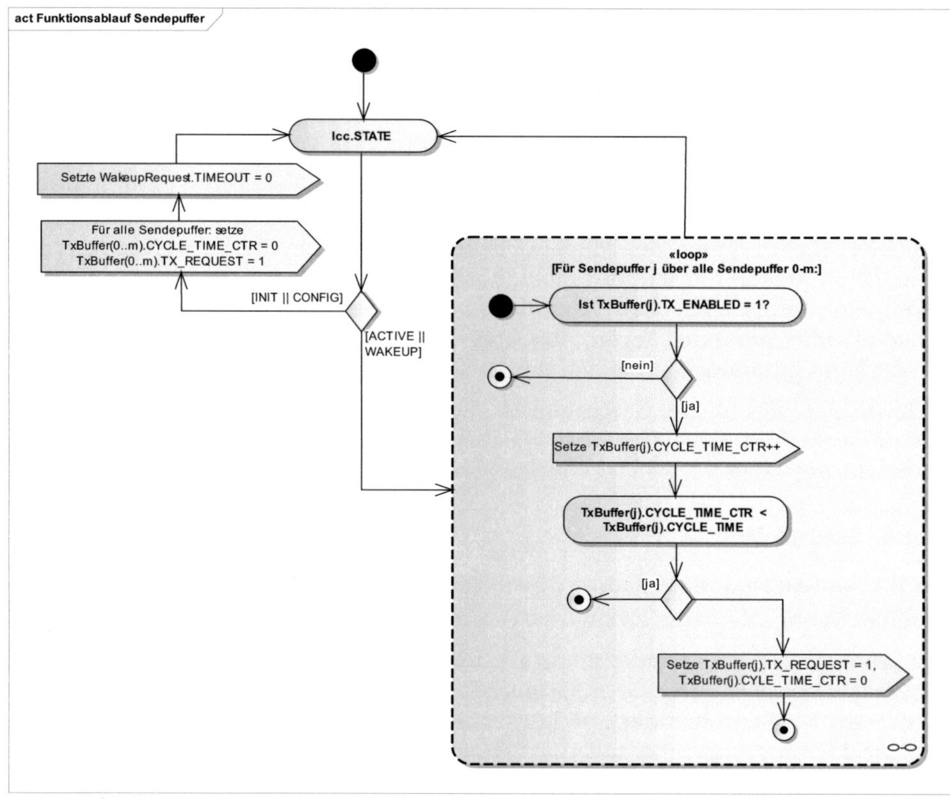

Abbildung 4.15.: Funktionsablauf des ICC Sendemoduls.

rationen werden als Vielfaches von $clk_{CycleTimeBase}$ angegeben. Die restlichen Module arbeiten auf Basis von clk_{System}, welcher ebenfalls als E-Ray Bustakt clk_{bclk} verwendet wird (vgl. Abschnitt 2.3.5.1).

In der im Rahmen der Arbeit entwickelten Implementierung ist clk_{System} = 50 MHz, $clk_{Polling}$ = 1 MHz und $clk_{CycleTimeBase}$ = 200 kHz. Der E-Ray wird damit alle 1 us auf neue Nachrichten und Statusänderungen geprüft, Timeouts und Sendezyklen werden als Vielfaches von 5 ms angegeben. Mit einen 8 Bit langen Zähler sind dadurch Zeiten von bis zu 1,275 s konfigurierbar.

Die untere Grenze für clk_{System} kann in Abhängigkeit der maximalen Filteranzahl $ICC_{RxFilter}$, der durch die Payloadlänge len_{Frame} bestimmten Übertragungsdauer eines Frames $t_{Tx}(len_{Frame})$ und der Verarbeitungsdauer der Filtereinheit $t_{Filtering}$ ermittelt werden. Für einen fehlerfreien Betrieb muss die Datenfilterung eines Frames stets bis zum Eintreffen des nächsten Frames abgeschlossen sein, d. h.:

$$t_{Filtering}(len_{Frame}, ICC_{RxFilter}, clk_{System}) \leq t_{Tx}(len_{Frame})$$

Die von der Parameterwahl des FlexRay-Netzwerkes abhängige Übertragungsdauer eines Frames wird für geringe Payload-Längen stets durch einen statischen Anteil dominiert. $t_{Filtering}$ wird in der im Rahmen der Arbeit entwickelten Implementierung für kleine Frames ebenfalls durch einen statischen Anteil bestimmt.

Bei steigender Payload-Länge steigt die Übertragungsdauer t_{Tx} des Frames im Vergleich zur $t_{Filtering}$ stärker an. Damit ist für die Bestimmung des kleinstmöglichen clk_{System} das Eintreffen kleiner Frames als kritischer Fall anzusehen.

Für den im Testaufbau verwendeten FlexRay-Parametersatz kann die Übertragungsdauer des kleinstmöglichen Frames mit Nutzdaten bei einer Datenrate von 10 MBit/s mit $t_{Tx}(2\,\text{Byte}) \approx 15$ us abgeschätzt werden. In der ICC-Implementierung werden nach Erkennung eines neuen Frames

$$34\,\text{Takte} + 6\,\text{Takte} \cdot \lceil len_{Frame}/4\,\text{Byte}\rceil$$

Takte benötigt, um den Frame in den ICC-internen Empfangspuffer zu kopieren. Pro Datenfilter benötigt die Filterung und optionale Übertragung des Frames in den internen RAM:

$$4\,\text{Takte} + 1\,\text{Takt} \cdot \lceil len_{Frame}/2\text{Byte}\rceil$$

Als Abschätzung der längsten zu erwartenden Dauer der Filterung ergibt sich damit:

$$
\begin{aligned}
t_{Filtering}(2\,\text{Byte}, ICC_{RxFilter}, clk_{System}) &= clk_{System}^{-1} \cdot [34 + 6 \cdot \left\lceil \frac{2\,\text{Byte}}{4\,\text{Byte}} \right\rceil + \\
&\quad ICC_{RxFilter} \cdot (4 + \left\lceil \frac{2\,\text{Byte}}{2\,\text{Byte}} \right\rceil)] \\
&= clk_{System}^{-1} \cdot (40 + ICC_{RxFilter} \cdot 5)
\end{aligned}
$$

In der Arbeit wurde eine sinnvolle Obergrenze von 32 Datenfiltern ermittelt. Damit ergibt sich ein minimaler Systemtakt clk_{System} des ICCs von 13 1/3 MHz:

$$
clk_{System} \geq \frac{t_{Filtering}(2\,\text{Byte}, ICC_{RxFilter}, clk_{System})}{t_{Tx}(2\,\text{Byte})} = \frac{40 + 32 \cdot 5}{15\,\text{us}} = 13\frac{1}{3}\,\text{MHz}
$$

Der ermittelte Wert liegt deutlich unter dem minimal zulässigen Bustakt des E-Rays von $clk_{bclk} = 45$ MHz, die Verarbeitungsgeschwindigkeit der umgesetzten ressourcenoptimierten Filterung des jeweils letzten Slots ist also ausreichend. Für die beschriebene Buskonfiguration wäre für $clk_{System} = clk_{bclk} = 45$ MHz eine Verwendung von maximal 127 Datenfiltern möglich.

4.4.1.8. Interner Nachrichten- und Konfigurationsspeicher

Der ICC verwendet drei getrennte interne RAMs zur Speicherung der statischen Sendedaten der Sendepuffer (Tx RAM), zur Pufferung von Frames die einen Datenfilter passiert haben (Rx RAM) und zur Speicherung der ICC-Konfiguration (Cfg. RAM).

Der Speicher ist nur im ICC-Zustand **CONFIG** durch das Konfigurationsinterface zugängig. In allen anderen Zuständen ist der Speicher ausschließlich ICC-intern verwendbar.

Die Größe der Speicher kann vor der Synthese angepasst werden, damit kann die Anzahl von Datenfiltern, Timeout-Konfigurationen und die Anzahl und Größe der zu sendenden sowie zu speichernden Frames variiert werden.

Die Partitionierung der RAMs wird zur Laufzeit durch die Sendepuffer- und Datenfilterkonfiguration bestimmt.

4.4.1.9. Weck- und Fehlererkennung

Das Fehlererkennungsmodul überwacht den POC-Zustand des E-Rays. Weicht dieser von **NORMAL ACTIVE** ab, ist keine fehlerfreie Kommunikation durch den ICC möglich und das Modul meldet ein Weckereignis (`WakeupRequest.SYNC_LOSS`).

Bei aktivem ICC überwacht das Weckdetektionsmodul auftretende Weckereignisse des Filtermoduls (`WakeupRequest.RX_FILTER`, `WakeupRequest.RX_ERROR`), der Timeout-Filter `WakeupRequest.TIMEOUT`) und der Fehlererkennung(`WakeupRequest.SYNC_LOSS`). Zudem wird optional ein lokaler Wake-Pin auf einen Flankenwechsel überprüft.

Alle Weckereignisse führen zu einem Zustandswechsel der FSM nach **WAKEUP** und werden per Interrupt angezeigt. Die Bearbeitung des Weckereignisses inklusive einer eventuell notwendigen Fehlerbehandlung muss durch die Applikationssoftware erfolgen.

In der beschriebenen Implementierung werden neben regulären Weckereignissen auch busweite Fehlerzustände, die zu einem Synchronisationsverlust des E-Ray führen, erkannt. Bei geeigneter Konfiguration können zusätzlich Fehler anderer Knoten, die zu einem Ausbleiben oder zur fehlerhaften Versendung von Nachrichten führen, berücksichtigt werden.

4.4.1.10. Ressourcenverbrauch

Der beschriebene ICC Prototyp wurde auf einem Altera Stratix III EP3SL150F1152C2 FPGA umgesetzt. Das für die ICC-Implementierung verwendete E-Ray IP-Modul kann für eine FPGA-basierte Entwicklung nur verschlüsselt lizensiert werden. Im Vergleich zu einer kommerziellen, auf dem Microcontroller integrierten Lösung können damit keine bereits existierenden Konfigurationsdaten des E-Rays wiederverwendet werden—der ICC greift, wie die CPU, ausschließlich durch das Controller Host Interface (CHI) auf den E-Ray zu, um Daten auszulesen oder zu schreiben.

	Komb. ALUTs	Register	Speicher [Bits]
E-Ray	12508	7754	84480
ICC	3903	1970	13432
Verhältnis ICC / E-Ray	31,2%	25,4%	15,9%

Tabelle 4.4.: Vergleich des Ressourcenverbrauchs von E-Ray und ICC.

Dieses Vorgehen erzwingt eine redundante Auslegung von Funktionen und Speicherung von Konfigurationsdaten im E-Ray und im ICC. Aus dieser Einschränkung resultiert ein nicht optimaler Ressourcenverbrauch des prototypischen ICC-Moduls.

Trotz dieser Einschränkung ist eine Analyse des Ressourcenverbrauchs der umgesetzten Implementierung hilfreich, da sie zur Bewertung folgender, für eine kommerzielle Umsetzung relevanter Kriterien dienen kann:

- allgemein kann der Ressourcenverbrauch des ICCs zur Einordnung der Komplexität verwendet werden.

- durch Vergleich der ermittelten Werte mit dem Ressourcenverbrauch des E-Ray IP-Moduls kann die zusätzliche Chipfläche und damit die zu erwartenden Mehrkosten grob abgeschätzt werden.

- zudem dient die Betrachtung der Aufteilung der Ressourcen auf die einzelnen ICC-Module als Anhaltspunkt für das durch die Integration in den E-Ray zu erwartenden Optimierungspotential.

In Tabelle 4.4 werden die benötigten Ressourcen des E-Rays inkl. Bus-Interface und eines ICCs mit insgesamt 32 Datenfiltern, 16 Timeout-Konfigurationen, bis zu 1 kByte zuteilbaren Empfangspuffer für zu speichernde Frames mit einer maximalen Payload-Länge von 254 Byte und 6 Sendepuffern mit einer kombinierten Payload von 254 Byte vergleichsweise dargestellt.

Die Ressourcenwerte wurden durch Synthese und Platzierung & Verdrahtung durch Altera Quartus II 10.1 ermittelt. Für die Synthese wurde der höchste Optimierungsgrad gewählt, die Optimierungsgewichtung wurde auf eine Kombination aus Geschwindigkeit und Fläche gelegt.

In Relation zum E-Ray benötigt der ICC zusätzlich 31,2% kombinatorische *Adaptive Lookup Tables* (ALUTs), 25,4% dedizierte logische Register und 15,9% dedizierten Speicher.

In Abbildung 4.16 ist die Aufteilung der Ressourcen auf die für den Verbrauch wesentlichen ICC-Module dargestellt. Das Filtermodul benötigt 45,6% der kombinatorischen ALUTs. Ein hoher Anteil der Logik entfällt dabei auf das Laden der Konfiguration aus dem Cfg. RAM, der Koordinierung der Ausführung der Datenfilter und der Speicherung des Empfangspufferinhaltes in den Rx RAM für angesprochenen Filter. Durch eine Integration und Wiederverwendung der Filterfunktionen des E-Ray Message Handlers könnte ein Großteil der Logik eingespart werden.

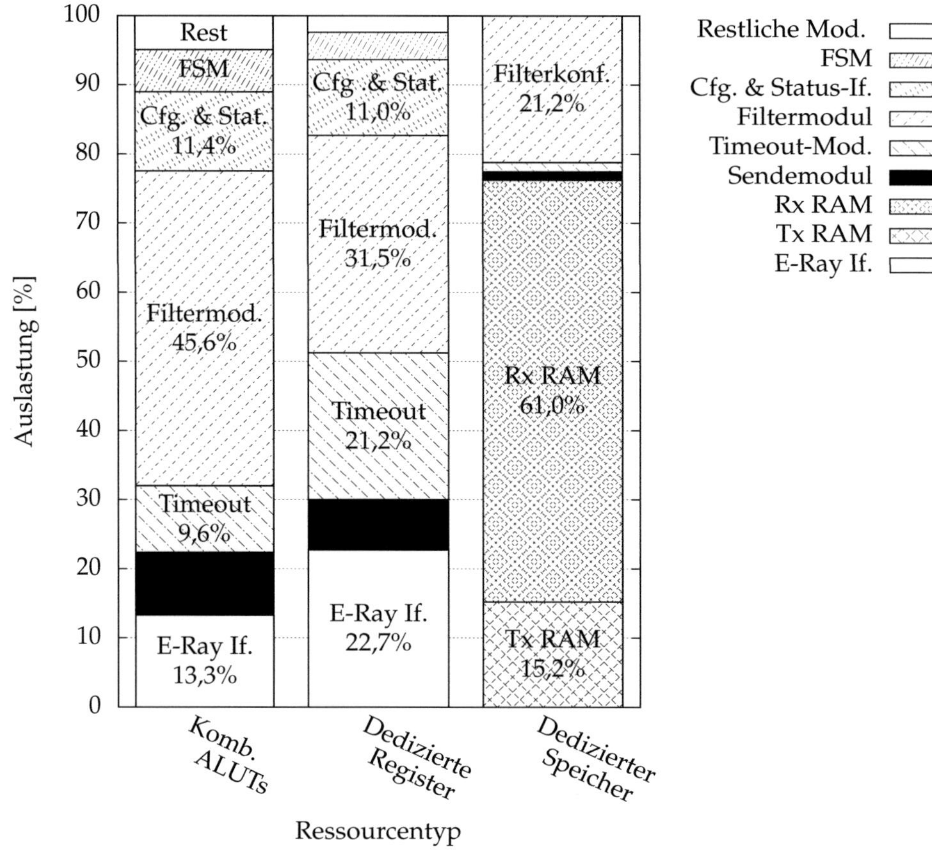

Abbildung 4.16.: Ressourcenaufteilung der einzelnen ICC-Module.

Die Zwischenspeicherung empfangener Frames im Empfangspuffer des Filtermoduls sowie die Koordinierung des Datenaustauschs durch das E-Ray Interface benötigen eine hohe Anzahl von dedizierten Registern (22,7% im E-Ray Interface und 31,5% im Filtermodul). Zur Reduzierung des Registerverbrauchs der Timing Unit könnten die Timeout-Zähler durch externe Timer ersetzt werden.

Durch die zahlreichen Parameter der Filterkonfiguration ergibt sich ein hoher Bedarf von dediziertem Speicher. Der Speicherbedarf der Konfiguration des Sende- und Timeoutmoduls ist im Vergleich sehr gering. Die Größe des Rx und Tx RAMs skaliert direkt mit Anzahl und Größe der zu speichernden Frames.

Wie im nächsten Abschnitt beschrieben, können die erläuterten Ressourcenwerte durch Integration der ICC-Funktionen in eine FlexRay IP deutlich reduziert werden.

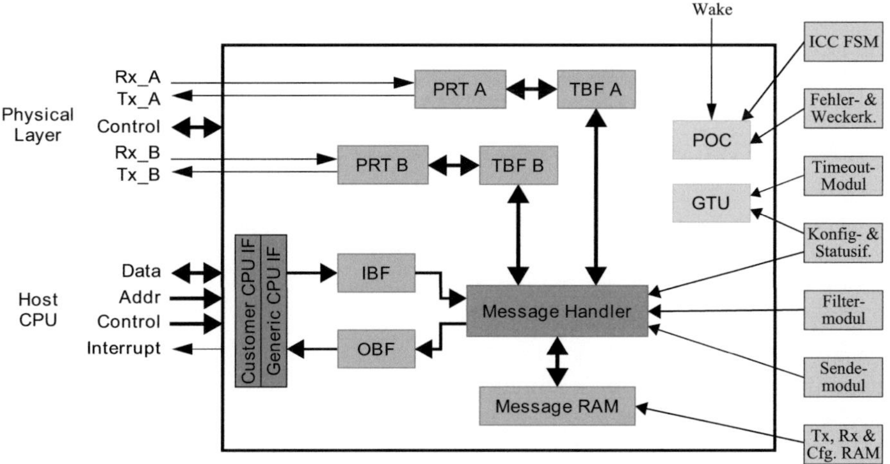

Abbildung 4.17.: Vereinfachtes Blockschaltbild des um die ICC-Anteile erweiterten E-Rays.

4.4.2. Integration des ICCs in das E-Ray FlexRay IP-Modul

Zur Ressourcenoptimierung und zur Vereinfachung der Konfiguration des ICCs sollte dessen Funktionen in den FlexRay CC integriert werden. In diesem Abschnitt wird ein entsprechendes Konzept vorgestellt, das in enger Zusammenarbeit mit der Robert Bosch GmbH erstellt wurde.

Eine detaillierte Vorstellung des Integrationskonzeptes wurde in [HS12] veröffentlicht, die Rechte an der Umsetzung wurden zudem durch eine gemeinsame Patentanmeldung gesichert [SSH12].

Für die Integration der ICC-Funktionen in den E-Ray ergeben sich die im Folgenden adressierten drei wesentliche Fragestellungen:

1. die Identifikation der um ICC-Funktionen zu erweiternden E-Ray Module.
2. die Festlegung des erweiterten E-Ray Parametersatzes.
3. die Erweiterung der POC-Zustandsmaschine des E-Rays.

4.4.2.1. Erweiterung der E-Ray Module

Durch eine separate Implementierung des ICCs müssen zahlreiche, bereits im E-Ray vorhandene Funktionsanteile doppelt implementiert werden. Für eine ressourcenoptimale Umsetzung sollten die entsprechenden ICC-Funktionen daher den funktionalen E-Ray Einheiten zugeordnet werden. In Abbildung 4.17 ist das erarbeitete resultierende Integrationskonzept dargestellt. Die in den FlexRay Protocol Controllern (PRT) der Kanäle A und B enthalten POC-Zustandsmaschinen sind dabei vereinfacht als eigenes Modul dargestellt. Eine Erläuterung der wesentlichen E-Ray Module findet man in Abschnitt 2.3.5.1.

Die für die Steuerung der ICC-Funktionen verantwortliche FSM wird in die POC-Zustandsmaschine von Kanal A und B integriert. Hier erfolgt zudem die Erkennung und Auslösung von Weckereignissen, sowie die Fehlerbehandlung.

Die Filterung von eingehenden Frames und die Versendung von statischen Nachrichten erfolgt in der integrierten Variante im Message Handler, der bereits heute die Filterung aller eingehenden Nachrichten übernimmt. Damit kann gegenüber einer getrennten ICC-Implementierung ein wesentlicher Anteil der logischen Ressourcen und dedizierten Register eingespart werden.

Die Timeoutüberwachung von Nachrichten wird in die Global Timing Unit (GTU) integriert, um bestehende Timer-Einheiten wiederverwenden zu können. Damit sinkt die Zahl der dedizierten Register, welche insbesondere für die verwendeten Zähler der Timeout-Überwachung benötigt werden.

Entsprechend der Aufteilung der ICC-Timeout-Überwachung, Filterung und Nachrichtenversendung werden die Bestandteile des Konfigurations- und Statusinterface in den Message Handler und die GTU übertragen. Der Zugriff auf die Parameter erfolgt über das CHI.

Der für die Speicherung gefilterter Frames verwendete Rx RAM, der die statische Payload von zu versendenden Frames enthaltende Tx RAM und der allgemeine Konfigurations-RAM, werden in die bestehenden RAM Blöcke des E-Rays integriert. Die Wiederverwendung und Erweiterung der RAMs stellt einen wesentlichen Vorteil dar, da die Kosten eines RAM Blockes von einem vergleichsweise hohen statischen Anteil dominiert werden. Durch Vergrößerung existierender Blöcke steigt die Kosteneffizienz der ICC-Anteile deutlich.

Durch Integration der ICC-Funktionen in den E-Ray können zusammenfassend deutliche Ressourceneinsparungen erreicht werden: im Vergleich zu den heutigen Werten des E-Rays wird ein zusätzlicher Anteil der kombinatorischen Logik von ca. 10% abgeschätzt, der dedizierte Speicherbrauch wird primär durch die integrierten Anteile der Rx und Tx RAMs dominiert. Wie im nächsten Abschnitt beschrieben, können die restlichen Konfigurationsparameter zum Großteil wiederverwendet werden.

4.4.2.2. Erweiterung der E-Ray Konfiguration

Ein wesentliches Kriterium für die Erweiterung des E-Rays um die ICC-Funktionsanteile ist die Sicherstellung der vollständigen Rückwärtskompatibilität zu bestehenden Anwendungen. Die für die ICC-Funktionen benötigte Konfiguration des E-Rays sollte demnach ein rein additiver Bestandteil sein. Werden die ICC-Anteile nicht konfiguriert, ist damit keine Verhaltensänderung zum heutigen E-Ray zu erwarten.

Im Rahmen der Konzeptdefinition wird angenommen, dass bei aktivem ICC stets nur eine Untermenge der im regulären Betrieb empfangenen oder gesendeten Frames relevant ist. Es werden also beispielsweise keine Dateninhalte von Frames gefil-

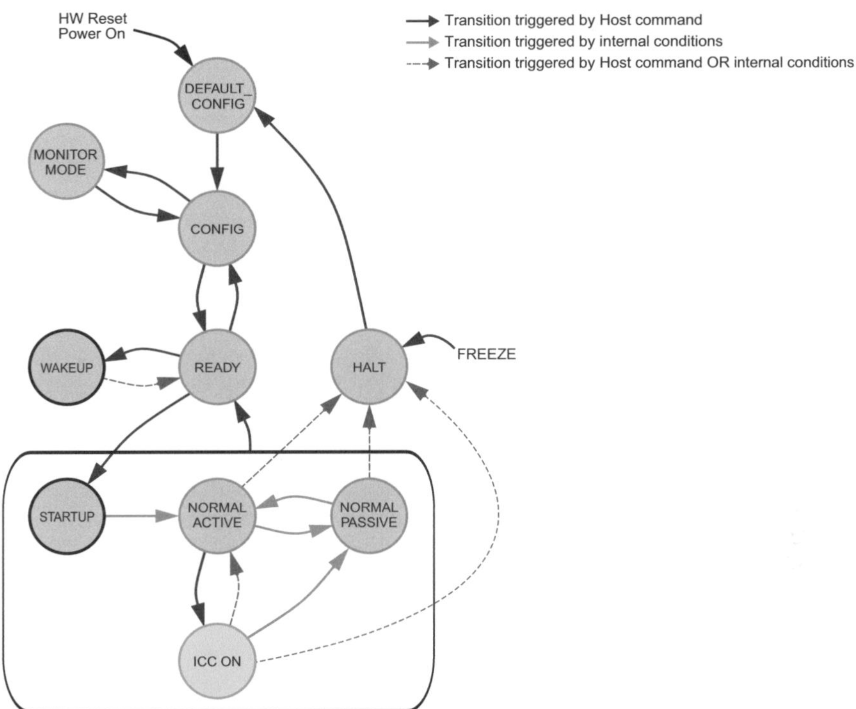

Abbildung 4.18.: Um den Zustand **ICC ON** erweiterte POC-Zustandsmaschine.

tert, die nicht auch im regulären softwaregesteuerten Betrieb des Steuergerätes empfangen werden. Analog werden keine zusätzlichen Frames durch den ICC versendet.

Zur Optimierung und Vereinfachung der Konfiguration können sich die ICC-Anteile damit ausschließlich auf die bereits bestehende E-Ray Konfiguration beziehen. Die Datenfilter können also z. B. stets an einen bereits zum Empfang konfigurierten E-Ray Puffer gekoppelt sein. Gleiches gilt für die Sendepuffer. In Summe kann für das vorgeschlagene Vorgehen ein Großteil der bereits heute bestehenden E-Ray Konfiguration wiederverwendet werden. Zusätzlich müssen die ICC-Datenfilterbedingungen inklusive der optionalen zugehörigen Timeout-Überwachung und die zu versendenden Frames vorgesehen werden.

4.4.2.3. Erweiterung der E-Ray POC-Zustandsmaschine

Entsprechend des bereits formulierten Ziels der vollständigen Rückwärtskompatibilität, ist auch der ICC-Betrieb als reine Erweiterung der POC-Zustandsmaschine umzusetzen. Das Verhalten der in Abschnitt 2.3.5.2 beschriebenen heutigen POC-Zustände, insbesondere **NORMAL ACTIVE**, wird nicht verändert.

Die den Anforderungen der Rückwärtskompatibilität entsprechende, um den Zustand **ICC ON** erweiterte POC-Zustandsmaschine ist in Abbildung 4.18 dargestellt.

Da die Aktivierung der ICC-Funktionen nur bei bereits laufendem E-Ray sinnvoll ist, ist der Übergang per CHI-Kommando nach **ICC ON** nur aus **NORMAL ACTIVE** möglich. Im Falle eines Weckereignisses wechselt der E-Ray selbständig zurück nach **NORMAL ACTIVE** und zeigt das Weckereignis per Interrupt an. Aus **ICC ON** kann zudem per CHI-Kommando die Deaktivierung der ICC-Funktionen und eine Rückkehr zur softwaregesteuerten Kommunikation angefordert werden (**NORMAL ACTIVE**) oder die Kommunikation durch einen Übergang nach **READY** bzw. **HALT** vollständig gestoppt werden.

Im Fehlerfall, d. h. insbesondere bei einem Synchronisationsverlust oder Timing-Problemen, wechselt der E-Ray selbständig nach **HALT** bzw. **NORMAL PASSIVE**. Der Wechsel wird ebenfalls per Interrupt angezeigt.

Zusammenfassend können die neuen ICC-Funktionen durch Übergang in den zusätzlichen POC-Zustand **ICC ON** aktiviert werden. Wird durch den Host (also z. B. die Steuergerätesoftware) kein Wechseln nach **ICC ON** angefordert, wird das Verhalten des E-Rays nicht beeinflusst. Dadurch ist insbesondere die Kompatibilität des E-Rays hinsichtlich der FlexRay-Spezifikation weiterhin sichergestellt.

Zur Begrenzung der Arbeitsaufwände für die Integration der ICC-Funktionen könnten die beschriebenen E-Ray-Erweiterungen beispielsweise bei der Adaption der E-Ray IP auf FlexRay 3.0 erfolgen (vgl. Abschnitt 2.3.6). Hersteller von Microcontroller könnten die erweiterte IP dann wie bisher üblich lizenzieren und integrieren.

4.5. Aufbau des ICC-Steuergerätedemonstrators

Zur Absicherung des ICC-Konzeptes ist ein reiner FPGA-basierter Ansatz nicht geeignet. Für das SoC-Design existieren keine für den Serieneinsatz qualifizierten AUTOSAR-Stacks. Zudem weichen die Eigenschaften eines FPGA-SoCs teilweise stark von denen eines kommerziellen Microcontrollers ab: die darstellbaren Schlafzustände und die vom Schlafzustand abhängigen Reaktionszeiten auf Weckereignisse unterscheiden sich beispielsweise deutlich. Um die Applikationssoftware optimal für den ICC-Einsatz auslegen zu können, ist jedoch eine genaue Kenntnis dieser Parameter erforderlich.

Aufgrund der Einschränkungen wurde in dieser Arbeit ein ICC-fähiger Steuergerätedemonstrator entwickelt, der zur Ausführung einer prototypischen AUTOSAR-basierten Anwendung verwendet wird, welche sich am in Abschnitt 4.1.3 beschriebenen Anwendungsbeispiel der Einparkhilfe orientiert. Die Steuergerätesoftware verwendet den FPGA-basierten ICC, wird aber vollständig auf einem regulären Microcontroller ausgeführt.

Dieser Ansatz unterscheidet sich damit deutlich von dem in Abschnitt 4.4.2 beschriebenen Umsetzungskonzept, in dem ein um die ICC-Funktionen erweiterter CC auf dem Microcontroller integriert ist und im Idealfall auf einer separaten Leistungs- oder Taktdomäne liegt. Entsprechend dieser Einschränkung des Ansatzes liegt die Ermittlung der erreichbaren Energieeinsparungen nicht im Fokus des Demonstrators. Ziel des Aufbaus ist stattdessen:

- die Untersuchung der Eignung unterschiedlicher Schlafzustände des Microcontrollers.

- die Ermittlung realistischer Reaktionszeiten auf Weckereignisse.

- das Testen der in Abschnitt 4.2.1 und 4.2.2 beschriebenen umgesetzten Arbitrierungsmechanismen für die ICC-Aktivierung und -Konfiguration sowie der implementierten Behandlung von ICC-Weckereignissen.

Im nächsten Abschnitt wird der entwickelte Hardwareaufbau beschrieben, in welchem der FPGA-basierte ICC-Prototyp mit einem V850E2/FK4 Microcontroller von Renesas Electronics verbunden ist. Anschließend folgt eine Beschreibung der prototypisch implementierten AUTOSAR-basierten Steuergerätesoftware.

4.5.1. Testaufbau

Der V850E2/FK4 von Renesas Electronics unterstützt die Anbindung externer Speicher über einen *External Memory Controller* (MEMC) (vgl. Kapitel 4 in [Ren12]). Der MEMC wird über einen eigenen Adressraum angesprochen und verwendet einen gemultiplexten Adress/Daten-Bus mit einer Datenbreite von 8 Bit, 16 Bit oder 32 Bit. Der Buszugriff wird über dedizierte Schreib-, Lese- und Warte-Leitungen koordiniert.

Anstelle eines externen Speichers greift der MEMC im umgesetzten Aufbau auf ein im FPGA platziertes Bus Interface zu. Da aufgrund von bereits vorhandenen Pin-Belegungen nicht alle 32 Adress/Datenleitungen des MEMC zur Verfügung stehen, ist die MEMC-Busbreite für den Demonstrator auf 16 Bit begrenzt. Der Schaltplan und das Platinenlayout des Aufbaus wurden auf Basis dieser Anforderungen von Renesas Electronics erstellt.

Das Bus Interface wandelt die angelegte MEMC-Adresse in den Adressraum des 32 Bit breiten On-Chip-Busses des FPGAs um. Das Interface unterscheidet dabei anhand des höchstwertigen Bits der angelegten MEMC-Adresse zwischen der zu verwendenden Bitbreite des FPGA-Buszugriffs. Ist $addr(16) = 1$, geht das Interface von einem 32 Bit Zugriff aus und puffert gelesene bzw. geschriebene Daten von zwei aufeinanderfolgenden MEMC-Zugriffen zwischen. Ist $addr(16) = 0$ wird der MEMC Zugriff direkt auf den On-Chip-Bus des FPGAs gegeben. Entsprechend der umgesetzten Implementierung ist der durch die Software wählbare Adressraum auf 15 Bit beschränkt, die Zugriffsbreite wird durch Setzen des 16. Bits bestimmt.

Durch das Interface kann die auf dem V850E2/FK4 ausgeführte Software damit transparent auf die IP-Module des FPGAs zugreifen. Abgesehen von der anzupassenden Basisadresse der Module ist aus Softwaresicht kein Unterschied feststellbar.

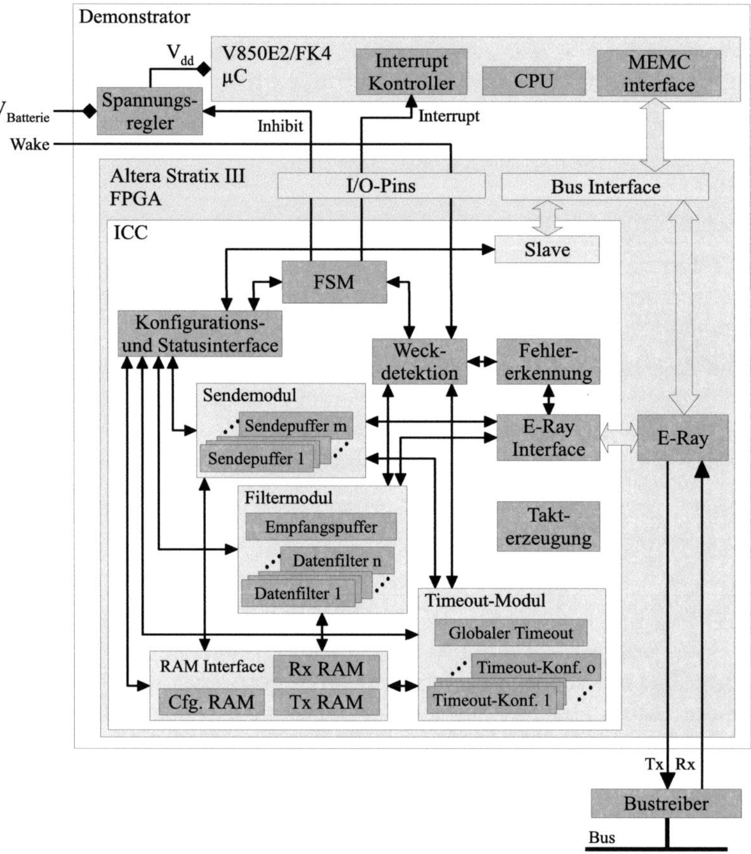

Abbildung 4.19.: Testaufbau: der auf einem FPGA implementierte ICC kann von der auf dem Microcontroller ausgeführten Software über einen externen Speicherkontroller (MEMC) des μCs angesprochen werden.

Zusätzlich zur Taktversorgung, dem ICC und dem Bus Interface ist auf dem FPGA zusätzlich ein E-Ray platziert. Die entsprechende FPGA-Konfiguration wird beim Starten automatisch aus einem externen Flash geladen.

Während der regulären, softwaregesteuerten Kommunikation verwendet die auf dem V850E2/FK4 ausgeführte Software den CC des FPGAs. Da der gewählte Aufbau das Verhalten des CCs nicht ändert, ergeben sich in diesem Zustand keine weiteren Auswirkungen auf die Software. Wird ein möglicher Schlafzustand erkannt, konfiguriert und aktiviert die Software den ICC und leitet den Übergang des Microcontrollers in einen Schlafzustand ein.

Durch den in Abbildung 4.19 gezeigten resultierenden Aufbau kann der für die Verwendung des ICCs bestmögliche Schlafzustand dargestellt werden: bei aktivem ICC kann die Takt- und Leistungsversorgung aller Microcontrollermodule gestoppt werden. Der auf dem FPGA befindliche ICC und CC laufen weiter. Ein vom ICC erkanntes Weckereignis wird per Interrupt angezeigt, der Microcontroller führt die Softwareausführung fort.

Der Hardwareaufbau ist damit funktional mit einer optimalen kommerziellen Microcontrollerimplementierung vergleichbar, da auch hier ICC und CC getrennt lauffähig sind.

Zum Zeitpunkt der Erstellung der Arbeit war kein Microcontroller mit mehreren integrierten CCs erhältlich. Entsprechend ist der ICC in der beschriebenen Implementierung genau einem FlexRay CC zugeordnet und kann damit zwei physikalische Kanäle bedienen. Erste Microcontroller mit mehreren integrierten CCs werden aber in Kürze verfügbar sein.

Wie in Abschnitt 4.4.2 erläutert, sollten die ICC-Funktionen zur Ressourcenoptimierung in den CC integriert werden. Für diesen Ansatz sind die ICC-Funktionen bei Platzierung mehrere CCs auf einem Microcontroller für alle Kanäle verfügbar.

Für eine alternative separate Implementierung des ICCs und CCs sind bei zukünftiger Verfügbarkeit von Microcontrollern mit mehreren CCs zwei Umsetzungsszenarien denkbar: jeder CC kann an eine jeweils eigene ICC-Instanz gekoppelt sein. Alternativ könnte ein ICC über geeignete Multiplex-Verfahren auch mehrere CCs ansteuern um Hardwareressourcen zu sparen. Dies würde jedoch den Absicherungsaufwand der Konfiguration erhöhen.

4.5.2. Validierung des AUTOSAR-Konzeptes

Ein Vorteil des entwickelten Hardwareaufbaus ist die Verfügbarkeit von kommerziellen, für die Steuergeräteentwicklung freigegebenen AUTOSAR-Stacks für den verwendeten Microcontroller. Im Rahmen der Arbeit wurde ein Softwarestack nach AUTOSAR-Release 3.2 der Firma Vector Informatik GmbH um die in Abschnitt 4.2.3 beschriebenen ICC-Mechanismen erweitert. Dazu gehören insbesondere die Integration des neuen Kommunikationszustandes **ICC_COM** und Ansätze zur Konfiguration sowie Aktivierung und Deaktivierung des ICCs.

Zusätzlich wurde ein Werkzeug erstellt, welches auf Grundlage der Systembeschreibung bzw. des ECU-Extraktes die signalbasierte Erstellung von ICC-Konfigurationen ermöglicht. Für die beschriebene ICC-Implementierung kann das Tool zudem automatisiert den Konfigurationscode generieren. Verwendet wurde die Systembeschreibung einer sich in Entwicklung befindlichen Serienbaureihe.

Zur Überprüfung des angepassten AUTOSAR-Stacks und der ICC-Implementierung wurde eine vereinfachte Steuergeräteapplikation auf Basis der in Abschnitt 4.1.3 skizzierten Einparkhilfe entwickelt und erfolgreich getestet. Die Anpassungen des Stacks erfolgten in enger Zusammenarbeit mit Vector Informatik, um eine hohe Serien- und Einsatzrelevanz der Modifikationen sicherstellen zu können.

Zur Inbetriebnahme der Steuergerätesoftware und des ICCs ist die Anbindung des Demonstrators an einen FlexRay-Bus erforderlich. Dazu wurde die FlexRay-Entwicklungshardware VN7600 der Vector Informatik GmbH verwendet, welche über eine USB-Schnittstelle mit der auf einem herkömmlichen PC laufenden Tracing- und Simulationssoftware *Vector CANoe* verbunden ist.

CANoe bildet die Kommunikation eines kompletten FlexRay-Busses eines FlexRay-vernetzten Fahrzeuges nach. Die Kommunikation wird zum Großteil aus dem simulierten Verhalten von virtuellen Steuergeräten bestimmt. Die Simulationsparameter können z. T. über selbst erstellte grafische Oberflächen manipuliert werden.

Die Applikation ist zum Test der Anforderungsmechanismen in zwei SW-Cs A und B unterteilt. Es sind zwei ICC-Konfigurationen „Geschwindigkeit" und „Laden" definiert. In der Konfiguration „Geschwindigkeit" weckt der ICC:

- wenn die empfangene Fahrzeuggeschwindigkeit *VehicleSpeed* unter 40 km/h fällt,

- *VehicleSpeed* länger als drei Zykluszeiten mit dem Wert *Signal not Available* (SNA) oder überhaupt nicht empfangen wurde,

- das Zündungssignal *IgnitionState* ungleich „Zündung an" ist,

- *IgnitionState* länger als drei Zykluszeiten mit dem SNA-Wert oder überhaupt nicht empfangen wurde,

- oder für über eine Sekunde keine NM-Nachricht empfangen wurde.

In der Konfiguration „Laden" weckt der ICC:

- wenn das Signal *VehicleCharging* nicht wahr ist,

- das Zündungssignal *IgnitionState* gleich „Zündung an" ist,

- die jeweiligen Signale länger als drei Zykluszeiten mit dem SNA-Wert oder überhaupt nicht empfangen wurden,

- oder für über eine Sekunde keine NM-Nachricht empfangen wurde.

Zudem versendet der ICC in beiden Konfigurationen die NM-Nachricht des Knotens sowie statische Frames, welche die von anderen Knoten benötigten Statussignale enthalten.

Beide Konfigurationen berücksichtigen neben den applikationsrelevanten Weckereignissen (Werte der Signale *VehicleSpeed*, *IgnitionState* und *VehicleCharging*) auch Fehler anderer Knoten (Versendung mit SNA-Wert oder ein Fehlen der entsprechenden Signale). In Fahrzeugzuständen, in denen der Busverkehr potentiell eingestellt werden könnte—also typischerweise bei inaktivem Fahrzeug ohne Ladevorgang der Hochvoltbatterie—muss der ICC deaktiviert sein und die Steuergerätesoftware ausgeführt werden. Ist dies nicht der Fall, wird von einer unvollständigen Konfiguration der applikationsspezifischen Weckgründe ausgegangen. Durch Überwachung der NM-Nachrichten kann dieser fehlerhafte Zustand erkannt werden, der Busverkehr kann damit trotzdem mit Verzögerung eingestellt werden.

Die Einparkhilfe und Parklückenerkennung verwenden im Fahrbetrieb unterschiedliche Abschaltbedingungen und wurden wie im Folgenden beschrieben auf zwei unterschiedliche SW-Cs aufgeteilt.

- SW-C A emuliert bei aktiver Zündung bis zu einer Fahrzeuggeschwindigkeit von 20 km/h die Abstandmessung um das Fahrzeug und versendet entsprechende Statussignale. Zudem fordert sie den Kommunikationszustand **FULL_-COM** an und setzt ihren Run-Request. Ist dem Steuergerät aus Architektursicht erlaubt, den Bus aktiv wach zu halten, entspricht dieses Vorgehen dem üblichen heutigem Vorgehen.

  Über 20 km/h wird die in SW-C A nachgebildete Einparkhilfe nicht benötigt. Sie fordert einen geeigneten BswM-Mode an, in dessen zugeordneter Action List über das FrIf die ICC-Konfiguration „Geschwindigkeit" geladen wird und zudem das Shutdown-Target **Standby** beim EcuM angefordert wird (vgl. Abschnitt 2.7.6). Entspricht die aktuell geladene ICC-Konfiguration der angeforderten Konfiguration („Geschwindigkeit"), fordert sie zudem den Kommunikationszustand **ICC_COM** an und zieht ihren Run-Request beim EcuM zurück.

- SW-C B bildet die Parklückenerkennung nach, verschickt bis zu einer Geschwindigkeit von 44 km/h die von anderen Teilnehmern benötigten Statussignale und fordert **FULL_COM** an. Über 44 km/h fordert SW-C B ebenfalls **ICC_COM** an, wenn die aktuelle ICC-Konfiguration „Geschwindigkeit" ist. Um einen ständigen Zustandswechsel zu vermeiden, wenn die Fahrzeuggeschwindigkeit um die aus Systemsicht relevante Grenze von 40 km/h schwankt, liegt der Schwellwert für die Aktivierung bei 44 km/h.

Liegen nur **ICC_COM**-Anfragen am ComM an, startet dieser die Aktivierung des ICCs. Da nach einer erfolgreichen Aktivierung kein Run-Request mehr vorliegt, wird durch den EcuM ein Wechsel in den konfigurierten Schlafzustand vorgenommen.

Da die Reaktionszeit bei Abfall der Fahrzeuggeschwindigkeit unter 40 km/h so niedrig wie möglich sein muss, wird im Zustand **Standby** die Taktversorgung des Microcontrollers eingestellt, die Leistungsversorgung bleibt jedoch noch aktiv. Wie in Abschnitt 3.3.1.3 beschrieben, kann damit eine zeitaufwendige Neuinitialisierung des Stacks vermieden werden. Die genaue Wahl des Schlafzustandes sollte anhand der zu erwartenden Häufigkeit und Dauer des sich ergebenden Schlafszenarios und der erreichbaren Leistungseinsparung festgelegt werden. Entsprechend könnte der Grenzwert der Fahrzeuggeschwindigkeit alternativ auch erhöht werden um den Microcontroller stromlos schalten zu können.

Das Vorgehen für die beispielhaft angenommene Ladephase ist vergleichbar: die SW-Cs fordern bei gesetztem Ladesignal und deaktivierter Zündung über den BswM die ICC-Konfiguration „Laden" an, dies führt zur Anforderung des Shutdown-Targets **Sleep**, in welchem der Microcontroller stromlos geschaltet wird. Bei einem Weckereignis muss zuerst der Stack initialisiert werden, was die Reaktionszeit verlängert.

Der beschriebene Testaufbau wurde zur Messung der Reaktionszeiten auf ICC-Weckereignisse verwendet. Startzeitpunkt der Messung ist der Flankenwechsel des Interrupt-Signals des ICCs. Endzeitpunkt ist die erste auf aktuellen Signaldaten basierende Ausführung der Applikationssoftware.

Für den Zustand **Standby** ergeben sich für den Demonstrator Reaktionszeiten von unter 10 ms auf Weckereignisse. Für den unbestromten Schlafzustand **Sleep** liegt die Reaktionszeit bei ca. 20 ms. Die bei geeigneter Stack-Konfiguration ermittelten Reaktionszeiten sind damit insbesondere im Vergleich zum CAN-Teilnetzbetrieb sehr niedrig. Das ICC-Konzept bietet damit ein sehr hohes Anwendungspotential.

Die sich ergebende Dauer ist stark von der Konfiguration des Schedulers und vom Umfang des Softwarestacks abhängig. Durch den Scheduler wird u. a. bestimmt, in welchem Abstand die Ausführung der verschiedenen Tasks angestoßen wird. Der Stackumfang, d. h. insbesondere die Anzahl der enthaltenen BSW-Module, wirkt sich direkt auf die Initialisierungszeit aus. Je nach Steuergerätekonfiguration kann die Reaktionszeit daher stark variieren.

4.6. Experimentelle Abschätzung des Einsparpotentials

Das in Abschnitt 3.5.2 theoretisch ermittelte Einsparpotential einer adaptiven Knotenabschaltung basiert auf den hohen Reaktionszeiten des CAN-Teilnetzbetriebes von typischerweise 100 ms–200 ms. Da die Zeiten deutlich über den ermittelten Reaktionszeiten des ICC-Konzeptes liegen, wurde zur Verfeinerung der Abschätzung ergänzend die Leistungsaufnahme verschiedener, für den Einsatz eines ICCs geeigneter Steuergeräte in unterschiedlichen Fahrzeugzuständen gemessen. Die Messfahrten enthalten einen Stadt-, Landstraßen- und Autobahnanteil.

Insgesamt wurde die Stromaufnahme von fünf Steuergeräten (SGs) gemessen, welche sehr gut für den Einsatz eines ICCs geeignet sind: das Anhänger-SG, die Antennensteuerung, das Sitz-SG, das Heckdeckel-SG und das Tür-SG.

Im Folgenden werden die Annahmen der Abschätzung erläutert. Anschließend wird das Vorgehen zur Ermittlung der Messwerte beschrieben. Danach werden die Annahmen und Messwerte auf den NEFZ übertragen, um das Einsparpotentials der Anwendung des ICC-Konzeptes für die betrachteten Steuergeräte zu ermitteln.

4.6.1. Annahmen

Vergleichbar zu der theoretischen Abschätzung wird in dieser Arbeit auch für die experimentelle Abschätzung ein konservativer Ansatz gewählt. Die ermittelten Leistungseinsparungen sind also garantiert erfüllbar. Dieses Ziel muss bei der Definition der Abschaltbedingungen berücksichtigt werden. Für die festgelegten Abschaltszenarien der jeweiligen Steuergeräte wurde dazu u. a. eine erhöhte Reaktionszeit auf Weckereignisse von 50 ms angenommen.

Da noch kein FlexRay-vernetztes Fahrzeug der Daimler AG auf dem Markt verfügbar ist, beschränken sich die Messungen mit Ausnahme eines MOST-Knotens ausschließlich auf CAN-vernetzte Steuergeräte.

Zur konzeptuellen Übertragung des speziell für FlexRay entwickelten ICC-Konzeptes auf CAN- und MOST-Knoten müssen zwei Randbedingungen berücksichtigt werden, um die Voraussetzung eines konservativen Ansatzes nicht zu verletzen:

1. im Schlafzustand müssen der ICC und Bustreiber des Steuergeräts weiterhin bestromt werden. Im Rahmen der Arbeit wird dafür ein Stromverbrauch von 40 mA–50 mA abgeschätzt, welcher prinzipiell von den erreichbaren Einsparungen abgezogen werden muss.

   Die gewählten Steuergeräte verwenden jedoch Microcontroller, welche denen in Abschnitt 2.5.4 eingeführten Leistungsklassen „Hoch (CAN)" (70 mA) und „Mittel" (20 mA) zugeordnet werden können.

   Die Leistungsklassen liegen deutlich unter der Leistungsklasse von FlexRay-Microcontrollern (300 mA). Das ermittelte Einsparpotential steigert sich somit bei einer Übertragung auf FlexRay-Knoten nochmals deutlich, die zu berücksichtigende Stromaufnahme des ICCs wird damit kompensiert.

2. zudem wird auf die Fähigkeit der Detektion lokaler Weckereignisse bei aktivem ICC verzichtet (z. B. der manuellen Betätigung der Heckdeckelverriegelung oder des Schalters zur Sitzverstellung), da hierfür über die ICC-Integration hinausgehende Hardwareänderungen notwendig sind.

   Die gewählten Abschaltszenarien basieren damit ausschließlich auf der Fähigkeit zur Datenfilterung, Timeout-Überwachung und Versendung von statischen Nachrichten durch den ICC.

Auf Grundlage dieser Randbedingungen wurden die folgenden Abschaltkriterien festgelegt:

- das Anhänger-Steuergerät ist u. a. für die Detektion von angeschlossenen Anhängern zuständig. Der aktuelle Status wird beispielsweise vom ESP benötigt, um die Eingriffsmuster im Anhängerbetrieb geeignet anzupassen. Eine Abschaltung ist möglich, wenn die Fahrzeuggeschwindigkeit über 8 km/h liegt und zuvor kein Anhänger detektiert wurde.

- die Antennensteuerung koordiniert die Auswertung des Frequenzbandes und meldet gefundene Radiosender an die Radio-Einheit (Headunit). Eine Abschaltung ist stets möglich, wenn die Headunit ausgeschaltet ist. Dies ist beispielsweise im NEFZ der Fall. Der aktuelle Status der Headunit wird über ein Bussignal gemeldet.

- das Sitz-Steuergerät ist für die Steuerung der elektrischen Sitzverstellung zuständig. Eine Abschaltung auf Beifahrerseite ist beispielsweise möglich, wenn keine Sitzbelegung erkannt und die zugeordnete Tür geschlossen ist. Erst bei einer Türöffnung muss das entsprechende SG aufgeweckt werden—beide Ereignisse werden durch Kommunikationssignale gemeldet.

- das Tür-SG kann bei unbelegtem Sitz über 18 km/h deaktiviert werden. Über dieser Geschwindigkeit schließt die Zentralverriegelung automatisch, ein Öffnen der Türen von außen ist danach nicht mehr möglich. Weckkriterien sind

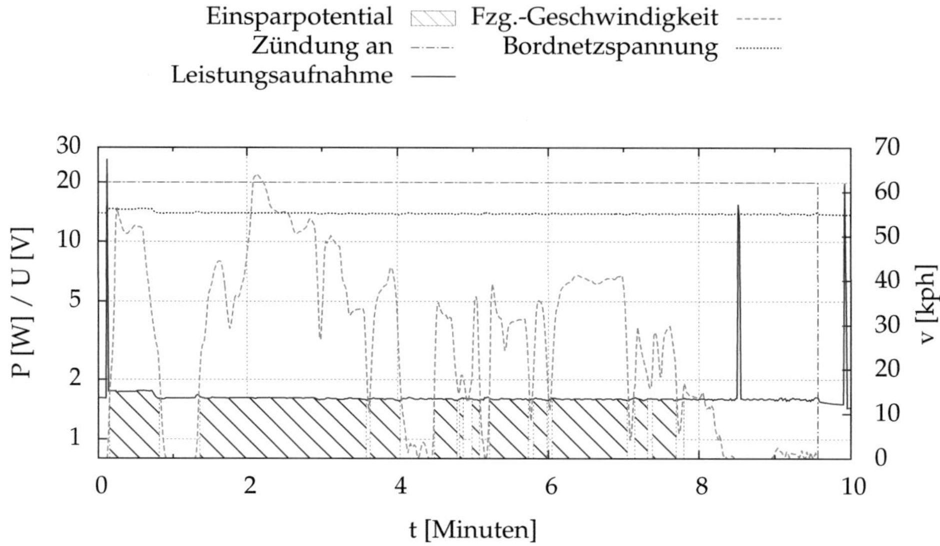

Abbildung 4.20.: Leistungsaufnahme und einsparbarer Anteil des Tür-Steuergerätes bei einer Abschaltung über 18 km/h.

die Aktivierung der Fensterheber, die manuelle Betätigung der Zentralverriegelung und ein Abfall der Fahrzeuggeschwindigkeit unter 18 km/h.

- Das Heckdeckel-Steuergerät steuert den automatischen Öffnungs- und Schließvorganges des Heckdeckels bzw. der Kofferraumklappe. Dieser kann durch Betätigung eines lokalen Tasters oder per Fernbedienung ausgelöst werden. Auf Basis der heutigen Funktionsweise der Zentralverriegelung ist eine Deaktivierung des Steuergerätes vergleichbar zum Tür-SG bei geschlossenem Heckdeckel über 18 km/h möglich.

Die beschriebenen Abschaltbedingungen sind äußerst konservativ gewählt und könnten zur weiteren Optimierung weiter verfeinert werden. Sie erlauben damit eine erste Aussage über das minimal zu erwartende Einsparpotential des ICC-Konzeptes.

4.6.2. Messergebnisse

Für die Ermittlung des Stromverbrauchs der ausgewählten Steuergeräte wurden die den Steuergeräten zugeordneten Sicherungen durch spezielle Messproben der Firma Klaric GmbH mit integriertem Shunt-Widerstand und Operationsverstärker ersetzt [Ste]. Die Bordnetzspannung wurde durch ein separates Voltmeter gemessen. In Abhängigkeit des Messbereiches variiert die Auflösung zwischen 14 μA/Bit–50 μA/Bit und 170 μV/Bit.

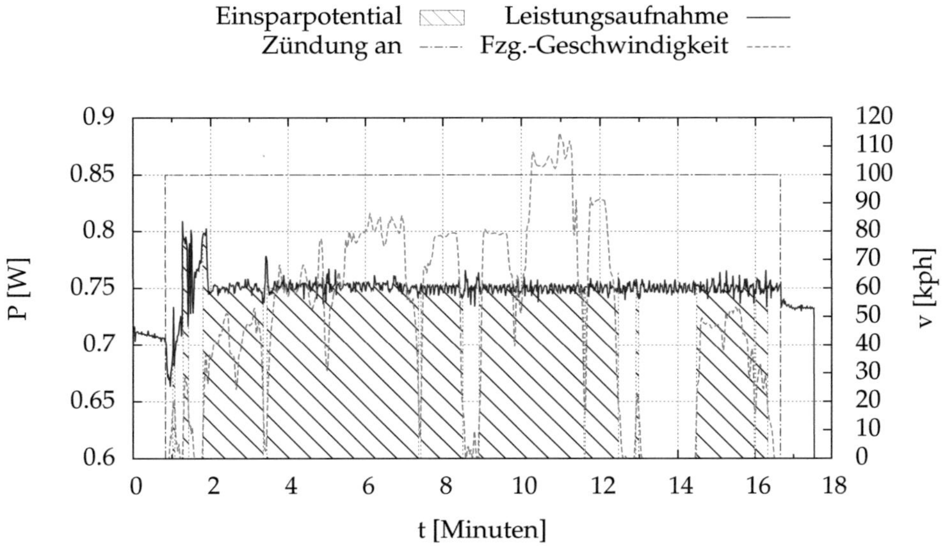

(a) Einsparbarer Leistung des Heckdeckel-Steuergerätes bei einer Abschaltung über 8 km/h.

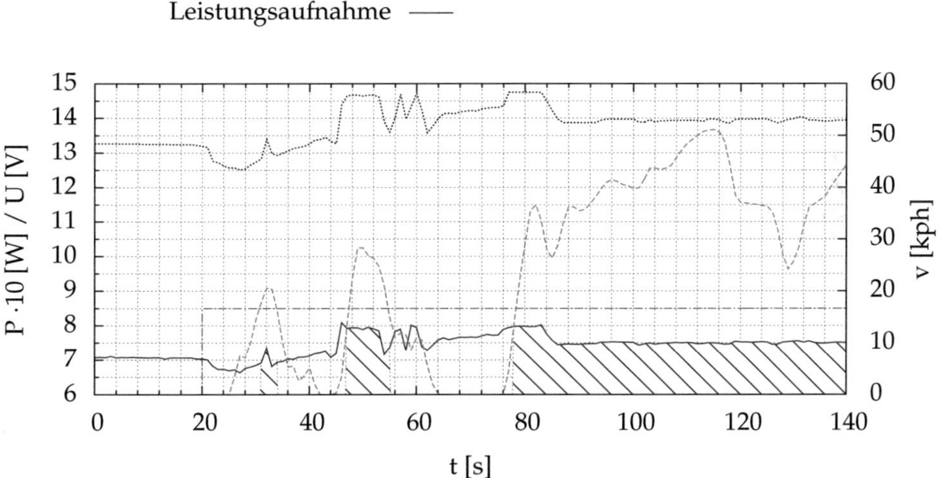

(b) Verlauf der Bordnetzspannung, welche bis zum Erreichen des Zielladezustandes der Fahrzeug-batterie durch das Generatormanagement bei höheren Geschwindigkeiten angehobenen wird.

Abbildung 4.21.: Bordnetzspannung und Leistungsaufnahme des Heckdeckel-SGs.

Steuergerät	Stromaufnahme [mA]			μC-Leistungs-klasse	Typ. I_{dd} [mA]
	Min.	Max.	Mittel		
Anhänger-SG	13,1	25,4	17,91	Niedrig	4
Antennensteuerung	265,7	362,36	312,8	Hoch (CAN)	70
Heckdeckel-SG	51,6	56,2	53,8	Mittel	20
Sitz-SG	148,7	1693,5	170	Mittel	20
Tür-SG	85,9	1161,9	121,39	Mittel	20

Tabelle 4.5.: Während der Testfahrt gemessene Stromaufnahme.

Die Messwerte sowie relevante Signale, wie z. B. Fahrzeuggeschwindigkeit und Zündungsstatus wurden während der Testfahrten an einen Laptop übertragen und von diesem aufgezeichnet.

In Abbildung 4.20 ist auszugsweise die Leistungsaufnahme des hinteren linken Tür-Steuergerätes, der Zündungsstatus, die Fahrzeuggeschwindigkeit, die Bordnetzspannung und das unter den definierten Abschaltbedingungen resultierende Einsparpotential während der Fahrt dargestellt. Über die gesamte Testfahrt wurde bei einem Gesamtenergieverbrauch von 0,44 Wh ein Einsparpotential von 0,19 Wh ermittelt.

Abgesehen von Leistungsspitzen, die durch das Hoch- oder Herunterfahren der Fensterscheibe entstehen, ist die Aufnahme nahezu konstant. Nur in der ersten Minute ist eine leicht erhöhte Leistungsaufnahme sichtbar, welche direkt mit der Bordnetzspannung korreliert.

Die im Verhältnis zur Bordnetzspannung verlaufenden Schwankungen zu Beginn der Fahrt zeigen sich auch bei Betrachtung der in Abbildung 4.21a gezeigten Leistungsaufnahme des Heckdeckel-Steuergerätes.

Zur besseren Sichtbarkeit ist der relevante Zeitbereich der ersten 140 Sekunden nach Fahrtbeginn zusammen mit der Bordnetzspannung nochmals in Abbildung 4.21b dargestellt. Die Spannungsschwankungen resultieren aus einem niedrigen Ladezustand der Fahrzeugbatterie. Zum schnellen Erreichen der Zielladung erhöht das Generatormanagement ab mittleren Geschwindigkeiten die Generatorspannung auf bis zu 14,7 V. Nach ca. 84 s ist die Batterie wieder vollständig geladen, die Bordnetzspannung wird dann auf ca. 14 V stabilisiert. Das sichtbare Verhalten verdeutlicht den in den Grundlagen erläuterten Nachteil von Linearreglern: erhöht sich bei einem fixen Leistungsbedarf die zugeführte Spannung, wird die überschüssige Leistung thermisch abgegeben, es ist keine Reduktion der Stromaufnahme feststellbar.

Nachdem sich die Spannung stabilisiert hat, ergibt sich eine nahezu konstante Leistungsaufnahme des Heckdeckel-Steuergerätes von 0,75 W. Bei einer Abschaltung über 18 km/h könnten ohne negative Auswirkungen auf den Bedienkomfort 68% der während der Testfahrt aufgenommenen Energie eingespart werden (0,15 Wh von 0,22 Wh). Die potentiellen Schlafphasen sind hervorgehoben.

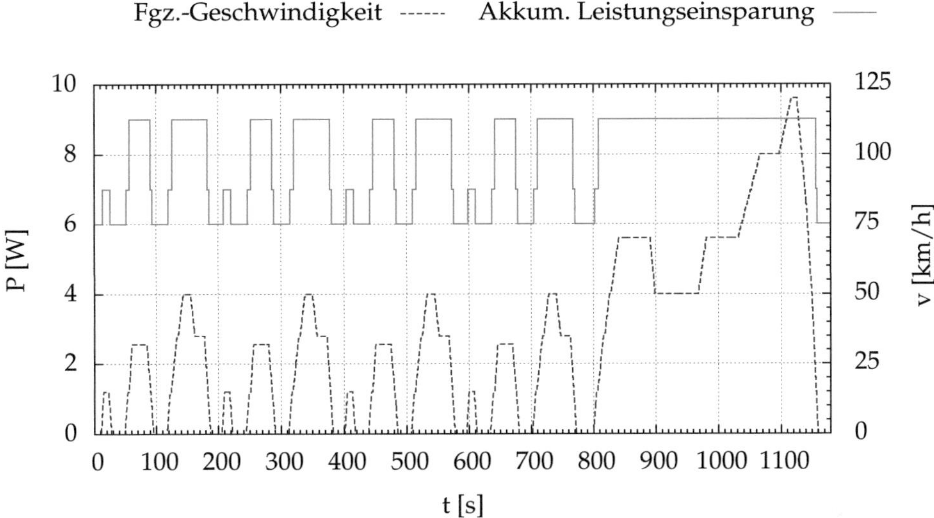

Abbildung 4.22.: Abschätzung des Einsparpotentials einer selektiven Knotenabschaltung für den NEFZ auf Basis der akkumulierten mittleren Leistungswerte der fünf Steuergeräte.

Auch die Messwerte der restlichen Steuergeräte zeigen einen nahezu konstanten Verlauf, welcher zum Großteil unabhängig vom aktuellen Fahrzeugzustand ist. Tabelle 4.5 fasst die gemessene minimale, maximale und durchschnittliche Stromaufnahme für die jeweiligen Steuergeräte zusammen. Zudem ist die in Kapitel 2.5.4 verwendete allgemeine Leistungsklasse des Steuergerätes aufgeführt. Die hohen Werte des Sitz- und Tür-Steuergerätes ergeben sich bei Betätigung der elektrischen Sitzverstellung bzw. bei Benutzung der elektrischen Fensterheber.

4.6.2.1. Übertragung auf den NEFZ

Die durchschnittlichen gemessenen Leistungsaufnahmen während Ruhephasen und Abschaltbedingungen der Steuergeräte können mit dem NEFZ kombiniert werden. In Abbildung 4.22 sind die akkumulierten, theoretisch erreichbaren Leistungseinsparungen dargestellt. Für nur fünf Steuergeräte können über die Gesamtdauer von 1180 s in Summe 2,8 Wh eingespart werden. Daraus ergibt sich im NEFZ eine CO_2-Einsparung von 221 mg/km. Dies entspricht einer Verringerung der OEM-Strafsteuer um 20,96 €—216% des in Abschnitt 2.8.3 geschätzten minimalen Einsparpotentials für ein komplettes Fahrzeug.

5. Übertragbarkeit der adaptiven Knotenabschaltung auf Ethernet

Der Ansatz einer adaptiven Knotenabschaltung verspricht für zukünftige E/E-Architekturen auch für eine Steuergerätevernetzung über Ethernet ein hohes Einsparpotential, da die erwartete Leistungsfähigkeit Ethernet-vernetzter Steuergeräte nochmals deutlich über heutigen FlexRay-Steuergeräten liegen wird. Im Folgenden wird daher eine Übersicht über die konzeptionelle Übertragbarkeit einer vernetzungsbasierten Deaktivierung von Ethernet-Knoten gegeben. Vernetzungsunabhängige Mechanismen, wie z. B. eine Abschaltung über Weckleitungen, sind nicht Bestandteil der Betrachtung.

Im Vergleich zu heute üblichen automobilen Bussystemen, bei denen das Busmedium von allen angeschlossenen Knoten geteilt wird, ist ein Ethernet-vernetztes Steuergerät in Form einer Punkt-zu-Punkt-Verbindung an genau einen weiteren Knoten angebunden. Zur Vernetzung mehrerer Steuergeräte kommen typischerweise Switches zum Einsatz, welche auf einem Port empfangene Frames an einen durch den Switch ermittelten Zielport bzw. Zielports weiterleiten. Da eine Vernetzung aller Steuergeräte ausgehend von genau einem Switch je nach räumlicher Verteilung der Knoten und aufgrund der beschränkten Anzahl von Ports meist nicht umsetzbar ist, besteht das vollständige Netzwerk üblicherweise aus einer kaskadierten Anordnung von Steuergeräten und Switches. Abbildung 5.1 zeigt eine exemplarische Vernetzungsarchitektur, in der insgesamt 10 Ethernet-Knoten, ausgehend von einem Ethernet/FlexRay-Gateway mit integriertem Switch, über zwei weitere Switch-Ebenen verbunden sind.

Wie in Abschnitt 2.2.5 beschrieben, weisen heute verfügbare Weckmechanismen für Ethernet, wie beispielsweise Wake-on-Lan, einen für den Fahrzeugeinsatz zu hohen Ruhestromverbrauch auf. Daher wurden für den Einsatz von Ethernet im Fahrzeug neue Weckmechanismen entwickelt, welche eine Aktivierung schlafender Knoten ermöglichen. Das in [ZB10] vorgestellte Konzept verwendet dazu beispielsweise den durch die Ethernet-Spezifikation vorgesehenen *Normal-Link-Pulse*, welcher während der *Auto-negotiation*-Phase im Abstand von 16 ms automatisch durch den PHY eines aktiven Ethernet-Ports versendet wird (vgl. [Ins95]). Ein schlafender Port wird durch den entwickelten Mechanismus bei Empfang des Normal-Link-Pulses geweckt—nach dem heutigen Stand würde der Port weiterhin deaktiviert bleiben.

Auch die weiteren in Diskussion befindlichen Mechanismen basieren auf einer bedarfsabhängigen Steuerung des Ethernet-Ports eines Knotens. Benötigt man den Knoten nicht, wird der Port deaktiviert. Analog wird der Port zum Wecken aktiviert. Der jeweilige Zustand wird dabei stets durch den jeweils verbundenen Zielport gesteuert. In Abbildung 5.1 würde z. B. über Port 2 von Switch 1 der Zustand von Steuergerät 3 kontrolliert werden.

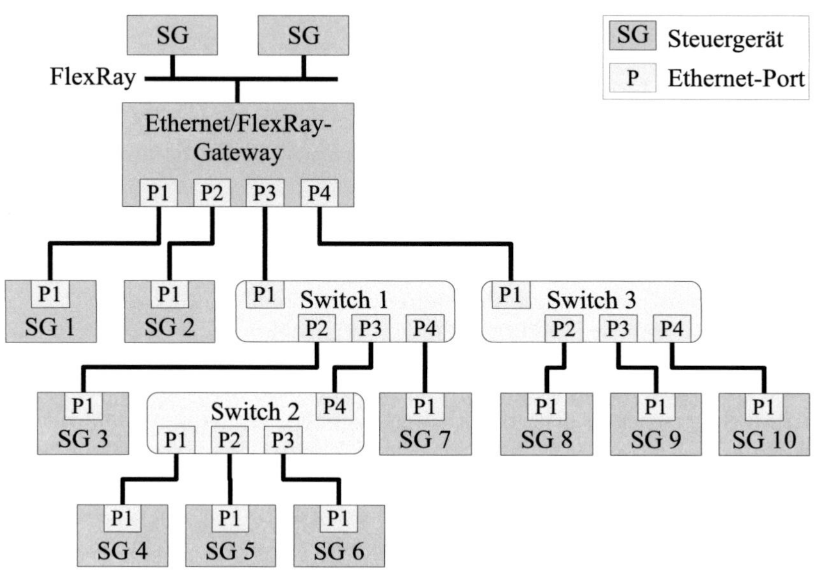

Abbildung 5.1.: Beispielhafte kaskadierte Vernetzungsarchitektur, in welcher insgesamt 10 Ethernet-Knoten, ausgehend von einem FlexRay/Ethernet-Gateway über 4-Port Switches verbunden sind.

Durch die Steuerung des Ports-Zustandes kann ein Master-Steuergerät oder ein Switch angeschlossene Knoten also schlafen legen bzw. wecken. Die Steuerung des Port-Zustandes kann beispielsweise durch die Steuergerätesoftware erfolgen. Zudem sind vollständig in einen ASIC integrierte kommerzielle Switches, wie der BCM89200 von Broadcom erhältlich, welcher zudem über eine eigene CPU verfügt. Damit kann eine Steuerung der Ports innerhalb des Switches umgesetzt werden.

Entsprechend des dem Ethernet zugrundeliegenden Prinzips einer direkten Punkt-zu-Punkt-Verbindung kann zusammenfassend ein schlafender Teilnehmer stets nur durch seinen direkt angeschlossenen Port aktiviert werden. Im Gegensatz zu Bussystemen mit geteiltem Übertragungsmedium ist also kein durch einen beliebigen Knoten ausgelöstes Weckereignis, welches sich auf alle Knoten bzw. eine spezifische Gruppe von Knoten bezieht, darstellbar. Ein Weckereignis muss stattdessen von Knoten zu Knoten bzw. Switch weitergeleitet werden. Müssen zur Weiterleitung erst weitere schlafende Teilnehmer geweckt werden, können sich lange Reaktionszeiten ergeben. Zudem muss sichergestellt sein, dass die Wecknachricht aufgrund eines schlafenden Knotens nicht verlorengeht.

Nimmt man beispielsweise an, dass ein schlafender Knoten zwischen Aktivierung seines Ports bis zur Fähigkeit zur Weiterleitung von Nachrichten 50 ms benötigt, ergibt sich für das in Abbildung 5.1 gezeigte Beispiel bei einem vom FlexRay/Ethernet-Gateway ausgehendem Wecken aller Ethernet-Knoten eine Verzögerung von 150 ms bis zur Sendefähigkeit der Steuergeräte 4–6. Schnelle Aufstartzeiten des Netzwerkes erfordern im Allgemeinen also flache Vernetzungstopologien.

Da die Steuergeräte-Vernetzung per Ethernet üblicherweise in einer kaskadierten Architektur resultiert, muss zudem die Zugehörigkeit der einem Port zugeordneten Steuergeräte verwaltet werden. In Abbildung 5.1 sind beispielsweise die Steuergeräte 3–7 dem Port 3 des Gateways zugehörig. Die Konfiguration kann dabei statisch zur Systemdesignzeit oder zur Laufzeit, z. B. durch *Service Discovery-Protokolle* wie Bonjour [App] erfolgen.

Zur Bestimmung der für den Fahrzeugbetrieb benötigten Steuergeräte und damit der zu aktivierenden Ports ergeben sich drei grundsätzliche Ansätze:

1. ist eine funktionale Kopplung der Knoten zulässig, kann ein Steuergerät bzw. ein Switch auf Basis des Netzwerkverkehrs entscheiden, welche Steuergeräte und damit welche seiner Ports aktiv sein müssen. Ist dazu keine explizite Anforderung nötig und erfolgt die Zustandsbestimmung ausschließlich auf Basis der regulären Kommunikation, ist der Ansatz mit dem ICC-Konzept vergleichbar. Durch die bedarfsabhängige Steuerung der Ports kann damit ein Knotenselektives Schlafen umgesetzt werden. Der Aufwand für eine kommunikationsbasierte Verwaltung und Bestimmung der Zielzustände der Ports wird aber als sehr hoch eingeschätzt.

2. alternativ kann die Bestimmung der aktiven Teilnehmer über explizite Weck- bzw. Anforderungsnachrichten erfolgen. Die Nachrichten können z. B. über das Netzwerkmanagement von AUTOSAR zyklisch von allen Teilnehmern versendet werden, welche Kommunikation mit bzw. Signale von anderen Knoten benötigen.

   Vergleichbar zum heutigen Vorgehen könnten die Wecknachrichten in der einfachsten Variante zur bus- bzw. netzwerkweiten Aktivierung und Wachhaltung aller Teilnehmer pauschal weitergeleitet werden. Zur Vermeidung von Zuständen, in denen das Netzwerk nicht mehr einschlafen kann, muss die Weiterleitung zyklenfrei sein. Diese Variante steht aber mit einer energieeffizienten Auslegung von E/E-Architekturen in Konflikt, da eben das gesamte Netzwerk wachgehalten wird.

3. zur Umsetzung eines selektiven bzw. geclusterten Schlafens von nicht benötigten Teilnehmern sollten anstelle einer pauschalen Weiterleitung von Wecknachrichten die benötigten Knoten bzw. Menge an Knoten aus dem Inhalt der Wecknachricht ermittelbar sein. Hierzu können beispielsweise die bereits entwickelten und in AUTOSAR umgesetzten Verwaltungsmechanismen des CAN-Teilnetzbetriebes wiederverwendet werden.

   Im Gegensatz zum CAN-Teilnetzbetrieb und ICC-Ansatz befindet sich die für die Erkennung und Auswertung von Weckanforderungen notwendige Funktionalität dabei jedoch nicht im Transceiver bzw. Kommunikationskontroller des zu weckenden Teilnehmers, sondern im weiterleitenden Netzwerkknoten. Eine Auswertung der entsprechenden Anforderungen muss daher nicht nur in regulären Steuergeräten, sondern auch in Switches unterstützt und konfiguriert werden.

Diese Überlegungen zeigen, dass zum einen die kaskadierte Topologie eines Ethernet-Netzwerkes die Reaktionszeit auf ein Weckereignis signifikant beeinflusst. Zum anderen müssen bei Implementierung, Konfiguration und Absicherung einer Weckstrategie für Ethernet-Netzwerke auch nichtfunktionale Komponenten wie Switches betrachtet werden. Beides sind neuartige Fragestellungen, die bei traditionellen Bussystemen wie CAN oder Flexray nicht auftreten. Da die Auslegung Ethernet-basierter Fahrzeugnetzwerke aber gerade erst beginnt, können diese Fragestellungen zur Energieeffizienz von Anfang an beim Entwurf berücksichtigt werden.

6. Zusammenfassung und Ausblick

Im Rahmen dieser Arbeit wurde eine umfassende Analyse möglicher Ansätze zur Optimierung des Energieverbrauchs von Elektronikkomponenten im Fahrzeug präsentiert. Auf Basis der Analyse wurden unterschiedliche Stellhebel zur Steigerung der elektrischen Energieeffizienz von Fahrzeugen identifiziert und unter Berücksichtigung heutiger und zukünftiger Nutzungsszenarien von Fahrzeugen hinsichtlich ihres Einsparpotentials und ihrer Umsetzbarkeit bewertet. Hauptziel der Steigerung der Energieeffizienz ist die Reduktion des Kraftstoffbedarfs und damit der CO_2-Emissionen.

Die identifizierten Stellhebel können nach funktionsspezifischen, steuergerätelokalen Optimierungen und vernetzungsbasierten Ansätzen unterschieden werden. Bei der lokalen Optimierung von Steuergeräten werden auf Basis des funktionalen Bedarfs eines Steuergerätes lokale Verbraucher deaktiviert oder deren Funktionsfähigkeit reduziert. Dieser Ansatz verspricht bei Komponenten mit leistungsintensiven Verbrauchern, wie beispielsweise elektrischen Motoren, Pumpen oder Relais hohe Einsparungen.

Eine Vielzahl von Steuergeräten vollzieht jedoch primär Berechnungsaufgaben. Hier sind keine dominierenden Hauptverbraucher vorhanden, deren Ansteuerung optimiert werden kann. Stattdessen bestimmt im Wesentlichen der Microcontroller die Leistungsaufnahme des Steuergerätes. Diese kann durch Frequency und Voltage Scaling sowie Clock und Power Gating-Mechanismen optimiert werden. Da der dafür anfallende Aufwand aus OEM-Sicht aber in Relation zu den erreichbaren Einsparungen wirtschaftlich meist nicht sinnvoll ist, bietet sich hier die vernetzungsbasierte adaptive Abschaltung von Knoten an.

Ziel der adaptiven Abschaltung ist es, Steuergeräte in einen Schlafzustand zu versetzen, wenn sie aufgrund des aktuellen Fahrzeugzustandes nicht benötigt werden. Der Ansatz bedeutet damit eine Erweiterung der bereits heute umsetzbaren busweiten Abschaltung aller Knoten, hin zu einem selektiven Schlafen einzelner Knoten bei aktivem Bus. Insbesondere für CAN und FlexRay, welche zur Vernetzung unterschiedlichster Domänen verwendet werden, verspricht die Möglichkeit einer selektiven Steuergerätedeaktivierung bei aktiver Kommunikation ein erhebliches Einsparpotential.

Für CAN wurde daher in den vergangenen Jahren ein Transceiver-basierter Mechanismus entwickelt, mit dem Knoten selektiv auch bei aktivem Busverkehr abgeschaltet werden können. Für FlexRay war kein vergleichbarer Mechanismus verfügbar.

Ein weiterer wesentlicher Beitrag dieser Arbeit ist daher die Spezifikation, prototypische Umsetzung und Validierung einer neuen Hardwaretechnologie, durch welche FlexRay-Knoten selektiv schlafen können: der *Intelligente Kommunikationskontroller* (ICC). Zusätzlich zur Absicherung des Hardwarekonzeptes wurde ein Integrationsansatz des ICCs in den Softwarearchitekturstandard AUTOSAR erarbeitet und prototypisch umgesetzt. Zur Optimierung des Ressourcenverbrauchs und zur Erleichterung der Anwendbarkeit und Konfiguration können die ICC-Funktionalitäten idealerweise in einem regulären FlexRay IP-Modul integriert werden. Auch hierfür wurde in Zusammenarbeit mit der Robert Bosch GmbH ein Konzept erarbeitet. In Summe wurde damit die Konzepttauglichkeit des ICC-Ansatzes nachgewiesen.

Vor dem Serieneinsatz des Konzeptes sind noch folgende Schritte notwendig. Erstens muss ein hinreichend großes OEM-übergreifendes Interesse entstehen, damit IP Lieferanten wie Bosch, Microcontroller-Hersteller wie Infineon, Renesas oder Freescale hardwareseitig diesen erweiterten FlexRay CC in ihre Entwicklungs-Roadmaps aufnehmen. Bei der technischen Diskussion im Kreise der OEMs und weiterer Beteiligten ist natürlich nicht auszuschließen, dass das in dieser Arbeit formulierte Konzept dabei Änderungen erfährt. Zweitens muss die softwaretechnische Ansteuerung des ICCs aufbauend auf den Ergebnissen dieser Arbeit und in Abhängigkeit von der konkreten kommerziellen Hardwareumsetzung weiter abgestimmt und in AUTOSAR standardisiert werden. Damit wäre ein weiterer Technologiebaustein für die Entwicklung von energieeffizienten E/E-Architekturen verfügbar.

Die Arbeit hat gezeigt, dass für den OEM gerade diese vernetzungsbasierten Ansätze für die energieeffiziente Auslegung von E/E-Architekturen geeignet sind und sich auch gut in den Entwicklungsprozess integrieren lassen. Es hat sich jedoch auch herausgestellt, dass die erreichbaren Einsparungen aufgrund der hohen CO_2-basierten Strafsteuern zwar für den OEM relevant sind, aber absolut betrachtet und insbesondere im Vergleich mit heute noch umsetzbaren lokalen Optimierungsmaßnahmen gering sind. Gleichzeitig sind die entstehenden technologischen und prozesstechnischen Aufwände beträchtlich. Es ist aber absehbar, dass bei zukünftigen konventionell bzw. alternativ angetriebenen Fahrzeugen der in dieser Arbeit entwickelte Technologiebaustein—relativ gesehen—einen immer wichtigeren Beitrag leisten wird.

A. Verzeichnisse

Abbildungsverzeichnis

Tabellenverzeichnis

E/E-Architektur	Elektrik/Elektronik-Architektur
SW-C	Software Component
VFB	Virtual Functional Bus
ALUT	Adaptive Lookup Table
ASIC	Application Specific Integrated Circuit
AUTOSAR	UTomotive Open System ARchitecture
AVB	Audio Video Bridging
BSW	Basissoftware (engl. Software Components)
BswM	Basic Software Mode Manager
CAN	Controller Area Network
CAS	Collision Avoidance Symbol
CC	Kommunikationskontroller (engl. Communication Controller)
CHI	Controller Host Interface
CMOS	Complementary Metal Oxide Semiconductor
COM-Modul	Communication-Modul
ComM	Communication Manager
CRC	Cyclic Redundanzy Check
CSMA/CA	Carrier Sense Multiple Access/Collision Avoidance
ECU	Electronic Control Unit
EcuM	ECU State Manager
ESP	Elektronisches Stabilitätsprogramm
EU	Europäische Union
Fr	FlexRay Driver
FrIf	FlexRay Interface
FrNm	FlexRay Network Management
FrSm	FlexRay State Manager
FSM	Finite State Machine
FTDMA	Flexible Time Division Multiple Access
I/O	Input/Output
IBF	Input Buffer
ICC	Intelligenter Kommunikationskontroller
ISO	Internationale Organisation für Normung
ISR	Interrupt Service Routine
LIN	Local Interconnect Network
MCAL	Microcontroller Abstraction Layer
MEMC	External Memory Controller

MOSFET	Metal Oxide Semiconductor Field Effect Transistor
MOST	Media Oriented Systems Transport
NEFZ	Neue Europäische Fahrzyklus
NIT	Network Idle Time
NM	Netzwerkmanagement
OBF	Output Buffer
OEM	Original Equipment Manufacturer
PN	Partial Network
POC	Protocol Operation Control
PRT	FlexRay Protocol Controller
RISC	Reduced Instruction Set Computing
RTE	Runtime Environment
SAE	Society of Automotive Engineers
SBC	System-Basis-Chip
SG	Steuergerät
SNA	Signal Not Available
SoC	System on Chip
SPI	Serial Peripheral Interface
SSR	Solid State Relais
SW	Symbol Window
TBF	Transient Buffer
TDMA	Time Division Multiple Access
TT-E	Time-Triggered External
TT-L	Time-Triggered Local Master
TTCAN	Time-Triggered CAN
UTP	Unshielded Twisted Pair

B. Literatur- und Quellennachweise

[AMD95]   AMD: *Magic Packet Technology*, November 1995. White Paper.

[App]   APPLE INC.: *Bonjour*. www.apple.com/support/bonjour/.

[AUT03]   AUTOSAR: *Automotive Open System Architecture*, 2003. www.autosar.org.

[AUT11a]   AUTOSAR: *Layered Software Architecture*, Oktober 2011. V3.2.0.

[AUT11b]   AUTOSAR: *Software Component Template*, 2011. V4.2.0.

[AUT11c]   AUTOSAR: *Specification of Basic Software Mode Manager*, Dezember 2011. V1.2.0.

[AUT11d]   AUTOSAR: *Specification of Communication Manager*, Dezember 2011. V4.0.0.

[AUT11e]   AUTOSAR: *Specification of ECU State Manager*, November 2011. V3.0.0.

[AUT11f]   AUTOSAR: *Specification of ECU State Manager with fixed state*, Dezember 2011. V1.2.0.

[AUT11g]   AUTOSAR: *Specification of FlexRay Interface*, Dezember 2011. V3.3.0.

[AUT11h]   AUTOSAR: *Specification of FlexRay State Manager*, Dezember 2011. V2.2.0.

[AUT11i]   AUTOSAR: *System Template*, November 2011. V4.2.0.

[BFMB12]   BARTHELS, ANDREAS, JOACHIM FRÖSCHL, HANS-ULRICH MICHEL und UWE BAUMGARTEN: *An Architecture for Power Management in Automotive Systems*. In: HERKERSDORF, ANDREAS, KAY RÖMER und UWE BRINKSCHULTE (Herausgeber): *ARCS*, Band 7179 der Reihe *Lecture Notes in Computer Science*, Seiten 63–73. Springer, 2012.

[BNK+11]   BALBIERER, N., J. NÖBAUER, A. KERN, B. DREMEL, A. CAMEK, P. HEINRICH und H. WEILER: *Netzwerkmanagement bei IP-basierten Netzwerken im Automobil*. In: *SEIS Statusseminar, München*, 2011. Aus Vortrag.

[BPG00]   BERWANGER, JOSEF, MARTIN PELLER und ROBERT GRIESSBACH: *byteflight - A New Protocol for Safety Critical Application*. In: *The 28th Seoul 2000 FISITA World Automotive Congress & Exhibition*, Juni 2000.

[Bro]   BROADCOM CORPORATION: *Broadcom BCM89810 Automotive Physical Layer Technology*. www.broadcom.com/collateral/pb/89810-PB00-R.pdf.

[Chi12]   CHIAN, MOJY: *New Foundry Models - Accelerations in Transformations of the Semiconductor Industry*. In: *Design, Automation & Test in Europe (DATE*

2012), März 2012. Keynote.

[Com11] COMITTEE, INTERNATIONAL ROADMAP: *The International Technology Roadmap for Semiconductors - Executive Summary*, Band 2011 Edition. International Technology Roadmap for Semiconductors, 2011.

[Cul10] CULSHAW, CARL: *Low Power System Techniques for Automotive Control Units*. Juni 2010.

[EH10] ELEND, BERND und HOLGER HUBER: *Reduktion des CO_2 Ausstoßes durch Teilnetzbetrieb in der Fahrzeugvernetzung*. In: *2. Elektronik automotive congress*, Mai 2010.

[Eur99] EUROPEAN UNION: *Emission Test Cycles for the Certification of light duty vehicles in Europe, EEC Directive 90/C81/01*, 1999.

[Eur08] EUROPEAN UNION: *Commission Directive 2008/89/EC amending, for the purposes of its adaptation to technical progress, Council Directive 76/756/EEC concerning the installation of lighting and light-signalling devices on motor vehicles and their trailers Text with EEA relevance* , September 2008.

[Fle05] FLEXRAY CONSORTIUM: *FlexRay Communication System, Protocol Specification Ver. 2.1 Rev. A*, Dezember 2005.

[Fle06] FLEXRAY CONSORTIUM: *FlexRay Communication System, Electrical Physical Layer Specification Version 2.1B*, November 2006.

[FMB$^+$09] FÜRST, SIMON, JÜRGEN MÖSSINGER, STEFAN BUNZEL, THOMAS WEBER, FRANK KIRSCHKE-BILLER, PETER HEITKÄMPER, GERULF KINKELIN, KENJI NISHIKAWA und KLAUS LANGE: *AUTOSAR - A Worldwide Standard is on the road*. In: *Elektronik im Kraftfahrzeug 2009, 14. Internationaler VDI-Kongress*, 2009.

[Fri08] FRIEDRICH-ALEXANDER-UNIVERSITÄT ERLANGEN-NÜRNBERG: *Technologiestudie Energy-Aware Computing*, November 2008.

[FSG10] FUCHS, MARTIN, PATRICK SCHEER und ANDREAS GRZEMBA: *Selektiver Teilnetzbetrieb im Fahrzeug: Eine Realisierung für den CAN-Bus und Adaption auf andere Bussysteme*. In: *AmE 2010 - Automotive meets Electronics*, Seiten 15–18, 2010.

[Gen99] GENERAL MOTORS CORP.: *GMLAN Communication Strategy Specification*, 1999. Issue 1.5.

[GMB12] GMBH, NISSAN CENTER EUROPE: *Reichweite des NISSAN LEAF*.   www.nissan.de/DE/de/vehicles/electric-vehicles/electric-leaf/leaf.html, 04 2012. Stand 22.04.2012.

[H$^+$04] HEINECKE, HARALD et al.: *AUTomotive Open System ARchitecture - An Industry-Wide Initiative to Manage the Complexity of Emerging Automotive E/E Architectures*. In: *Convergence International Congress & Exposition On Transportation Electronics*, Seiten 325–332, 2004.

[H⁺06]   HEINECKE, HARALD et al.: *AUTOSAR - Current results and preparations for exploitation*. In: *7th EUROFORUM conference Software in the vehicle Stuttgart*, 2006.

[Hat11]   HATTORI, TOSHIHIRO: *Design challenges in SoCs for mobile devices*. In: *International Symposium on System-on-Chip 2011*, November 2011. Keynote.

[HH04]   HARTWICH, FLORIAN und CHRISTIAN HORST: *Message Handling Concept for a FlexRay Communication Controller*. Technischer Bericht, HANSER VERLAG, 2004.

[Hir10]   HIRANO, HIROYUKI: *AUTOSAR Future Development*. In: *2nd AUTOSAR Open Conference*, Mai 2010.

[Hud09a]   HUDI, R.: *Die E/E Entwicklung im Wandel auf dem Weg zur Elektromobilität*. In: *13. Internationaler Fachkongress Fortschritte in der Automobil-Elektronik*, 2009.

[Hud09b]   HUDI, R.: *Die E/E Entwicklung im Wandel auf dem Weg zur Elektromobilität*. In: *13. Internationaler Fachkongress Fortschritte in der Automobil-Elektronik*, 2009. Aus Vortrag.

[Inf09]   INFINEON TECHNOLOGIES AG: *TC1797 User's Manual*, Mai 2009. V1.1.

[Ins95]   INSTITUTE OF ELECTRICAL AND ELECTRONICS ENGINEERS (IEEE): *802.3u-1995 - IEEE Standards for Local and Metropolitan Area Networks: Supplement to Carrier Sense Multiple Access with Collision Detection (CSMA/CD) Access Method and Physical Layer Specifications Media Access Control (MAC) Parameters, Physical Layer, Medium Attachment Units, and Repeater for 100 Mb/s Operation, Type 100BASE-T (Clauses 21-30)*, Januar 1995.

[Ins10]   INSTITUTE OF ELECTRICAL AND ELECTRONICS ENGINEERS (IEEE): *802.1Qav-2009 - IEEE Standard for Local and Metropolitan Area Networks - Virtual Bridged Local Area Networks Amendment 12: Forwarding and Queuing Enhancements for Time-Sensitive Stream*, Januar 2010.

[Int94a]   INTERNATIONAL ORGANIZATION FOR STANDARDIZATION (ISO): *ISO 11898-3: Controller area network (CAN) – Part 3: Low-speed, fault-tolerant, medium-dependent interface*, 1994.

[Int94b]   INTERNATIONAL ORGANIZATION FOR STANDARDIZATION (ISO): *ISO 11898-4: Controller area network (CAN) – Part 4: Time-triggered communication*, 1994.

[Int94c]   INTERNATIONAL ORGANIZATION FOR STANDARDIZATION (ISO): *ISO 11898-5: Controller area network (CAN) – Part 5: High-speed medium access unit with low-power mode*, 1994.

[Int11]   INTERNATIONAL ORGANIZATION FOR STANDARDIZATION (ISO): *ISO 26262: Road vehicles – Functional safety*, 2011.

[KAB⁺03]   KIM, NAM SUNG, TODD AUSTIN, DAVID BLAAUW, TREVOR MUDGE,

KRISZTIÁN FLAUTNER, JIE S. HU, MARY JANE IRWIN, MAHMUT KANDEMIR und VIJAYKRISHNAN NARAYANAN: *Leakage Current: Moore's Law Meets Static Power*. Computer, 36(12):68–75, 2003.

[KBR09]   KRAUSE, MATTHIAS, OLIVER BRINGMANN und WOLFGANG ROSENSTIEL: *Verification of AUTOSAR Software by SystemC-Based Virtual Prototyping*. In: ECKER, WOLFGANG, WOLFGANG MÜLLER und RAINER DÖMER (Herausgeber): *Hardware-dependent Software*, Seiten 261–293. Springer Netherlands, 2009. 10.1007/978-1-4020-9436-1_10.

[KPLJ08]   KUM, DAEHYUN, GWANG-MIN PARK, SEONGHUN LEE und WOOYOUNG JUNG: *AUTOSAR migration from existing automotive software*. In: *Control, Automation and Systems, 2008. ICCAS 2008. International Conference on*, Seiten 558–562, Oktober 2008.

[Lan08]   LANGE, KARSTEN: *Effiziente Auslegung des elektrischen Systems eines Fahrzeuges*. Energieeinsparung durch Elektronik im Fahrzeug, 3. VDI-Tagung, 2033:209–19, 2008.

[LHWC12]   LIM, HYUNG-TAEK, DANIEL HERRSCHER, MARTIN JOHANNES WALTL und FIRAS CHAARI: *Performance Analysis of the IEEE 802.1 Ethernet Audio/Video Bridging Standard*. In: *5th International ICST Conference on Simulation Tools and Techniques (SIMUTools2012)*, März 2012.

[LIN03]   LIN CONSORTIUM: *LIN Specification Package*, September 2003. Rev. 2.0.

[LIN07]   LINEAR TECHNOLOGY CORPORATION: *LT3509 Datasheet Dual 36V, 700mA Step-Down Regulator*, 2007.

[MEL11a]   MEYER, JÜRGEN, STEPHAN ESCH und GÜNTER LINN: *Teilnetzbetrieb - Abschaltung inaktiver Steuergeräte: Anwendung, Standardisierung und Absicherung*. In: *Elektronik im Kraftfahrzeug 2011, 15. Internationaler VDI-Kongress*, Oktober 2011.

[MEL11b]   MEYER, JÜRGEN, STEPHAN ESCH und GÜNTER LINN: *Teilnetzbetrieb - Abschaltung inaktiver Steuergeräte: Anwendung, Standardisierung und Absicherung*. In: *Elektronik im Kraftfahrzeug 2011, 15. Internationaler VDI-Kongress*, Oktober 2011. Aus Vortrag.

[Noe11]   NOEBAUER, JOSEF: *Is Ethernet the rising star for in-vehicle networks?* In: *Emerging Technologies and Factory Automation (ETFA), 16th IEEE International Conference on*, September 2011. Keynote.

[NXP10]   NXP SEMICONDUCTORS: *NXP TJA108x FlexRay transceiver family*, November 2010.

[Par07]   PARET, DOMINIQUE: *Multiplexed networks for embedded systems : CAN, LIN, Flexray, Safe-by-Wire...* Wiley, 2007.

[Rau07]   RAUSCH, MATHIAS: *FlexRay. Grundlagen, Funktionsweise, Anwendung*. Hanser Fachbuch, 2007.

[RB96]   ROHDE-BRANDENBURGER, KLAUS: *Verfahren zur einfachen und sicheren*

Abschätzung von Kraftstoffverbrauchspotentialen. Haus der Technik, Essen, November 1996.

[Rei11]   REIF, KONRAD (Herausgeber): *Bosch Autoelektrik und Autoelektronik: Bordnetze, Sensoren und elektronische Systeme.* Vieweg+Teubner Verlag, 6., überarbeitete und erweiterte Auflage Auflage, Dezember 2011.

[Ren12]   RENESAS ELECTRONICS CORPORATION: *V850E2/Fx4 User Manual (Preliminary Document)*, März 2012. Rev. 1.02.

[RJV09]   RAI, DEVENDRA, T. K. JESTIN und LEV VITKIN: *Model-Based Development of AUTOSAR-Compliant Applications: Exterior Lights Module Case Study.* SAE International Journal of Passenger Cars - Electronic and Electrical Systems, 1(1):84–91, April 2009.

[Rob09a]   ROBERT BOSCH GMBH: *Product Information E-Ray FlexRay IP-Modul*, Juli 2009.

[Rob09b]   ROBERT BOSCH GMBH: *Specification E-Ray FlexRay IP-Modul*, Februar 2009. Rev. 1.2.7.

[Sch10]   SCHEER, PATRICK: *Energy Saving Strategies in Future Automotive E/E Architectures.* In: *Freescale Technology Forum*, 2010.

[ST12]   STREICHERT, THILO und MATTHIAS TRAUB: *Elektrik/Elektronik-Architekturen Im Kraftfahrzeug: Modellierung Und Bewertung Von Echtzeitsystemen.* VDI-Buch. Springer Verlag, April 2012.

[Ste]   STEFAN KLARIC GMBH & CO. KG: *KLARI-FUSE.*

[TSG10]   TIETZE, ULRICH, CHRISTOPH SCHENK und EBERHARD GAMM: *Halbleiter-Schaltungstechnik.* Springer, Berlin, 13. Auflage Auflage, 2010.

[Vec]   VECTOR INFORMATIK GMBH: *CANoe.*

[VF10]   VOGET, STEFAN und P. FAVRAIS: *How the Concepts of the Automotive Standard "AUTOSAR" Are Realized in New Seamless tool-chains.* In: *Embedded Real-Time Software and Systems, Toulouse*, 2010.

[Wil11]   WILLE, MARCEL: *Support of energy efficient technologies by AUTOSAR - Partial Networking & Co.* In: *ProductDay Automotive Networks Software Architectures, Stuttgart*, November 2011.

[WLMS10a]   WEBER, THOMAS, VERA LAUER, DIETER MANN und MARTIN SIMONS: *Das umfassende Energiemanagement - Vom konventionellen Verbrenner bis zum E-Antrieb.* In: *Baden-Baden Spezial 2010 Elektrisches Fahren machbar machen, 4. VDI-Tagung*, 2010.

[WLMS10b]   WEBER, THOMAS, VERA LAUER, DIETER MANN und MARTIN SIMONS: *Das umfassende Energiemanagement - Vom konventionellen Verbrenner bis zum E-Antrieb.* In: *Baden-Baden Spezial 2010 Elektrisches Fahren machbar machen, 4. VDI-Tagung*, 2010. Aus Vortrag.

[WR06]   WALLENTOWITZ, HENNING und KONRAD REIF: *Handbuch Kraftfahrzeu-*

gelektronik: Grundlagen, Komponenten, Systeme, Anwendungen. Vieweg, Wiesbaden, 2006.

[ZB10]   ZINNER, HELGE und NORBERT BALBIERER: *Ethernet in Automotive applications.* In: *The Fully Networked Car @ Geneva International Motor Show,* März 2010.

[ZS08]   ZIMMERMANN, WERNER und RALF SCHMIDGALL: *Bussysteme in der Fahrzeugtechnik: Protokolle und Standards.* Vieweg, Wiesbaden, 3. Auflage, 2008.

C. Betreute studentische Arbeiten

[Hoc12]   HOCKE, ROLAND: *Prototypische Umsetzung und Untersuchung des Einsparpotentials von elektrischer Energie durch Pretended Networking bei Steuergeräten.* Masterarbeit, Februar 2012. Co-Betreuung mit Vector Informatik GmbH.

[Lak10]   LAKHTEL, ABDALLAH: *Erstellung eines Routingblocks zur Translation von SPI in On-Chip Adressräume.* Studienarbeit, Technische Universität München, August 2010.

[Lak11]   LAKHTEL, ABDALLAH: *Erarbeitung und Evaluierung von Konzepten zur Hardware-gestützten und bedarfsabhängigen Aktivierung von FlexRay-Steuergeräten.* Diplomarbeit, Technische Universität München, März 2011.

[Oua12]   OUANNES, ICHRAF: *Toolgestützte Konfiguration von Intelligenten Kommunicationscontrollern unter AUTOSAR: Konzepte und prototypische Implementierung.* Diplomarbeit, Technische Universität München, April 2012.

[Sto10]   STOLTZE, TJARK SEBASTIAN: *Erarbeitung und Evaluierung von Konzepten zur hardwaregestützten und bedarfsabhängigen Aktivierung von CAN-Steuergeräten.* Diplomarbeit, Technische Universität Hamburg-Harburg, Dezember 2010.

D. Eigene Veröffentlichungen

[HS12]   HORST, CHRISTIAN und CHRISTOPH SCHMUTZLER: *Upgrading Bosch's E-Ray FlexRay IP-Module for Pretended Networking Support - Proposal for a Hardware Implementation.* White Paper, Juni 2012. www.semiconductors.bosch.de/en/ipmodules/flexray/flexray.asp.

[SKS12]   SCHMUTZLER, CHRISTOPH, ANDREAS KRÜGER und MARTIN SIMONS:
          *Energy effcient automotive networks: state of the art and challenges
          ahead.*   Int. J. Communication Networks and Distributed Systems,
          Vol. 9(Nos. 3/4):266–285, 2012.

[SKSB11] SCHMUTZLER, CHRISTOPH, ANDREAS KRÜGER, MARTIN SIMONS und
          JÜRGEN BECKER: *Ansätze zur Integration von energieeffizienten Intelligenten
          Kommunikationskontrollern für FlexRay in Autosar.* In: *9. GI Tagung, Automo-
          tive Software Engineering Workshop,* Oktober 2011.

[SKSS10] SCHMUTZLER, CHRISTOPH, ANDREAS KRÜGER, FRED SCHUSTER und
          MARTIN SIMONS: *Energy efficiency in automotive networks: Assessment and
          concepts.* In: *High Performance Computing and Simulation (HPCS), 2010 Inter-
          national Conference on,* Seiten 232–240, Juli 2010.

[SLSB11] SCHMUTZLER, CHRISTOPH, ABDALLAH LAKHTEL, MARTIN SIMONS und
          JÜRGEN BECKER: *Increasing Energy Efficiency of Automotive E/E-Architectures
          with Intelligent FlexRay Communication Controllers.* In: *International Sympo-
          sium on System-on-Chip 2011,* November 2011.

[SSB12]   SCHMUTZLER, CHRISTOPH, MARTIN SIMONS und JÜRGEN BECKER: *On
          Demand Dependent Deactivation of Automotive ECUs.* In: *Design, Automation
          and Test in Europe (DATE), 2012,* März 2012.

E. Patentanmeldungen

[SKS11]   SCHMUTZLER, CHRISTOPH, ANDREAS KRÜGER und MARTIN SIMONS: *Ein-
          richtung zum Aufwecken eines an ein zeitgesteuertes Bussystem angeschlossenen
          Steuergerätes,* Juli 2011.

[SSH12]   SCHMUTZLER, CHRISTOPH, MARTIN SIMONS und CHRISTIAN HORST: *Ver-
          fahren zum Wecken einer an ein zeitgesteuertes Datenkommunikationssystem an-
          geschlossenen Steuereinheit,* März 2012.